農村レクリエーションと
アクセス問題

不特定の他者と
向き合う社会学

北島義和
YOSHIKAZU KITAJIMA

京都大学学術出版会

農村レクリエーションとアクセス問題
──不特定の他者と向き合う社会学──

北島　義和

「失敗」の地から、「失敗」と共に生きるすべを学ぶ
はじめに

　近年、日本でも「フットパス」や「ロングトレイル」といった言葉が知られるようになってきた。日本フットパス協会のホームページによれば、フットパスとは「イギリスを発祥とする『森林や田園地帯、古い街並みなど地域に昔からあるありのままの風景を楽しみながら歩くこと【Foot】ができる小径（こみち）【Path】』のこと」である。そして、このようなフットパスは、「観光振興の側面のみならず、整備のプロセスそのものが、地域が自分自身を見つめなおし、自らのよさに誇りを持つとともに、抱える課題に向き合っていく、まちづくりのきっかけ」となっているという[1]。また、日本ロングトレイル協会のホームページにもほぼ同様の趣旨のことが書かれている。それによると、ロングトレイルとは欧米発祥の「『歩く旅』を楽しむために造られた道」のことで、「登頂を目的とする登山とは異なり、登山道やハイキング道、自然散策路、里山のあぜ道、ときには車道などを歩きながら、その地域の自然や歴史、文化に触れることができる」という。そして、そのようなトレイルは「健康と自然志向のニーズを満たすとともに、地域観光の活性化にも大きく寄与」しているとのことである[2]。どちらかと言えばフットパスは短めのぶらぶら歩きの道、ロングトレイルは距離のあるハイキングの道を指すという違いはあるものの、どちらもレクリエーション目的のウォーキング活動を基礎にして地域の振興を図ろうという試みがその背景にある。

　私が現在勤務している北海道には、このようなフットパスやロングトレイルがとりわけ多く存在している。広大な牧草地やそこで草をはむ家畜がそこかしこに見られる北海道の風景は日本離れしたものであるし、西洋由来のそのような歩く道が多いこともむべなるかなである。

---

1) 日本フットパス協会ホームページより（http://www.japan-footpath.jp/aboutfootpath.html　2017年7月31日アクセス）
2) 日本ロングトレイル協会ホームページより（http://longtrail.jp/syui.html　2017年7月31日アクセス）

ところで、過日そのひとつを歩いてみた折に、とある看板に出くわした。その看板には「最近、放牧地の牛を呼び寄せ写真を撮ったり、牛に触ったり、農場式内に入り雨宿りをしたり、農道を我が物顔で占領して歩いたりする人が見受けられます」との文言で始まる、利用者のマナーについての注意書きが貼り付けられていた。看板は木製の簡素なもので、注意書きも印字した紙を張った後に防水のためビニールで覆っているだけの構造なので、比較的最近になってから設置されたもののようだった。この看板が設置された詳しい経緯はわからなかったが、「××牧場敷地内には絶対に入らないでください」との文言もあるので、この道を歩きにきた人々の振る舞いをめぐって、地域の人から苦情があったのかもしれない。「このトレイルの存続に係る事態が多数見受けられます」との言葉づかいからは、この道の管理者がこの事態に深刻な懸念を抱いていることが伝わってきた。

※ママ

　このように、不特定多数の人々による自然資源のレクリエーション利用は、時としてその資源が存在する地域に住む人々との間で軋轢を生むことがある。そのため、例えば先述のフットパス協会のページには、「地元の方々への感謝の気持ちを持って行動し、道を外れての田畑・樹林・屋敷などへの立ち入りや、ゴミの放置、動植物・山菜・農作物の採取などの行為は、絶対に行わないでください」と書かれている。あるいは、フットパスづくりの指南本には、「地域住民、農家、ショップや飲食店の方など地域の方に受け入れられてこそ、フットパスは成立する」といった記述があり、コースやマップ作りのみならず、受け入れ体制の整備や地域の農業や商業との連携といったトピックも取り上げられ、単なる観光や営利目的にとどまらない仕組みづくりの重要性が提起されている（神谷編 2014）。つまり、フットパスやロングトレイルのような自然資源のレクリエーション利用を進めていく過程においては、企画者、地域住民、レクリエーション利用者、行政といった様々な関係者（アクター）が適切に対話をおこないつつ、それぞれの利害を調停できるようなシステムを作り上げることが望まれていると言えよう。

　私は、フットパス発祥の地と言われるイギリスの隣国、アイルランドの丘陵地域において、このような自然資源のレクリエーション利用、特に山歩きのための農地へのアクセスに関して調査を続けてきた。この調査に着手して

「失敗」の地から、「失敗」と共に生きるすべを学ぶ——はじめに

しばらく経った頃、私はある人物から一通のメールを受けとった。彼は自分の住む地域で起こっていた農地のレクリエーション利用をめぐる軋轢に心を痛め、アクター間の対話によってこの問題を解決しようと奔走した人物であり、メールには次のような文面が書かれていた。

> ……この地域では商売になるような農業は少なく、また減少してきていますが、レクリエーション利用者による土地へのアクセスをめぐる問題は、観光やレクリエーションをベースにした代替産業を農民やコミュニティのために発展させるのを阻んでいます。農民とレクリエーション利用者のこの問題についての見解は二極化しています。この地域でフォーラムを作ったのは、その状況を改善するためでした。……しかし、最近ではほとんど活動がありません。というのは、この地域の問題の解決について外部のエージェンシーからのサポートがほとんどなく、グループのメンバーの多くが幻滅してしまったのです。……短中期的にアクセスを発展させ、改善させるような、国によるスキームが実施されなくては、この地域の対立的な状況は続くでしょう。……このグループ自体は存続するでしょうが、メンバーは何かしらのプロジェクトに努力を傾ける用意はもうないと思います。過去のすべての努力は、この地域の農民や土地所有者やレクリエーション利用者に何ももたらさなかったのですから。

私はこのメールにうまく言葉にはできないが感慨を覚え、最終的に彼の住む地域で重点的なフィールドワークをおこなうことを決めたのだった。

この地域で調査を続けていく過程で、私は何度も「これは『失敗』ということなのだろうか」という思いにとらわれた。これまで自由に歩けた丘陵地が立ち入り禁止になってしまったことを悲しむ山歩き愛好家（ウォーカー）、あるいは自分の所有する土地にそのような人々が入ってくることについて懸念を感じる農民。調査のためおこなったインタビューでは、そのような人々に出会うことも少なくなかった。しかし、先述のメールが示すように、この地域においてはウォーカーや農民をはじめとしたアクター間の対話の場は有効に機能しておらず、それらのアクターの利害を調停するためのシステムもほとんど構築されてはいなかった。そのため、山歩きのための農地へのアクセスをめぐってこの地域で生じた軋轢はそのままになっていた。

しかし、異国の地からやってきた私が、異なるアクター間の相互理解を促進したり問題の解決に寄与したりするような知識やスキルや信頼を獲得できたわけでもなかった。私ができたことと言えば、基本的には対話やシステムといったものに回収されることなく、互いにバラバラのまま資源利用をおこなう農民やウォーカーの語りに、どうにかこうにか耳を傾けるということだけだった。もっと多様なアクターが手を取り合えているフィールドや、利害調整のうまい仕組みが機能しているフィールドや、いずれかのアクターが一方的に傷つけられているフィールドなどを選んでおけば、有用な政策提言ができたりしたのだろうかなどと考えることもあった。実際、アイルランドにはそのような地域がまったく存在していないわけでもなかった。「失敗」というのはつまるところ、この地域の自然資源管理の状況と自分自身の調査との双方に向けられた気持ちだった。

　しかし、そのような現場においても、人々は自らの生活を続けていかねばならない。農業にせよ、レクリエーションにせよ、これまでの自分を形成してきた、そしてこれからの自分を形成していく営みを人々は簡単に止めてしまうことはできない。ただ、資源へのアクセスをめぐるアクター間の対話の場やシステムが機能していない以上、人々はそういったものを経由してこない不特定多数の他者の存在と絶えず向き合いながら、自らの営みを続けていかねばならないことになる。そこでは結局、それぞれのアクターの正義がぶつかりあって、お互いがお互いの存在を押しのけようとする状況が生まれるだけなのだろうか。そのように対立性をはらんだ不特定多数の他者の存在やその資源利用を承認し、それと共存するような作法は、そこには存在しえないのだろうか。

　丘陵地を一緒に歩いた農民が私に教えてくれた。「あそこに蝶々がいるだろう。あれがいるということは、これから天気が良くなるというしるしなのさ」。丘陵地を一緒に歩いたウォーカーが私に教えてくれた。「あそこにデコボコした地形が見えるだろう。あれは昔あそこにジャガイモが植えられていた痕跡なんだよ」。私にはこれらのアクターのどちらかだけに味方をすることはできなかった。対話やシステムが成立していなくとも、彼らのどちらかがその日常をあきらめるべきだとは思えなかった。では、そのような状況下

で、異なるアクター同士が互いを承認できるような契機とはどのようなものなのか。たとえ望ましい資源管理のかたちが実現していなくとも、少なくとも絶望はしないで済むような契機はどこに見いだせるのか。本書で考えたいのはそのようなことだ。

　通常の自然資源管理の観点からすれば、アクター間の軋轢がそのままになってしまっているこの調査地のような地域は、結局のところは「失敗事例」にすぎないのかもしれない。そして、そのように「失敗」した現場における他者承認のありようなどは、望ましい資源管理とは程遠い些末な事象なのかもしれない。しかし、我々はそのような現場から眼をそむけるわけにもいくまい。なぜなら、我々はこの世界を対話やシステムで埋め尽くしてしまうことはできないからだ。例えばフットパスやロングトレイルができないところがある、それらがうまくいっていないところがある。しかし、それでも人々は生活を営む。それでも農民は家畜の世話をし、レクリエーション利用者は美しい景色に息をのむ。そのような現場は、おそらく我々の生きる世界のあちらこちらに存在するだろう。だとするならば、それを「失敗事例」として片付けているだけでは不十分なのではないか。そのような「失敗」の地からも我々は学ぶことがあるのではないか。

　通常、「失敗に学ぶ」という言葉は、「成功のための反面教師とする」との意味合いを含んでいる。すなわち、どこがどうなって「失敗」したのかをきちんと精査して、そうならないためのヒントをそこから見出そうというわけだ。しかし、本書ではそのように「失敗」を「成功」につなげるための布石として使うという手続きは取らない。そうではなく本書は、一般に「失敗事例」に分類されるかもしれない現場をそのまま受け止めて、そのように「失敗」している状況においてこそ浮かび上がってくる事象を汲み取ろうとする。言いかえれば、「『失敗』を乗り越えるすべを学ぶ」のではなく、「『失敗』と共に生きるすべを学ぶ」のである。「ポジティブ」な「成功事例」が政策的にも学問的にももてはやされる昨今において、本書のようなスタンスは異端かもしれない。しかし、我々の生きる世界にはそこかしこに「失敗」が転がっているのであり、その苦さを抱えつつも他者と共にある日常をまっとうしていくことこそ、「ポスト真実」などという言葉が飛び交う時代を生き

我々にとって、本当に必要な「学び」ではないだろうか。私はそのように考えている。

目 次

「失敗」の地から、「失敗」と共に生きるすべを学ぶ──はじめに　*i*

序　章　「対話」も「システム」も「正義」も成立しない現場で
　　　　──農村アクセス問題の実相と「複数的資源管理論」の限界　*1*

1　自然資源管理のもうひとつのあり方を模索する──本書の目的　*3*

2　社会問題としての農村アクセス問題──対立の歴史と現在　*7*

3　コモンズ論・環境ガバナンス論を中心とした分析視角とその限界　*14*

　3-1　対話アプローチとその限界　*19*

　3-2　システムアプローチとその限界　*22*

　3-3　正義アプローチとその限界　*24*

4　こぼれ落ちた現場の実践を見据える
　　──本書の視座と各章の構成　*27*

第1章　アイルランド農村という場所　*35*

1　農業の凋落と構造的な二極化──20世紀以降の変化　*37*

2　農村アクセスの隆盛──1980年代以降　*42*

3　アイルランドにおける私的所有地へのアクセス手段　*49*

4　本書の研究方法とフィールドワーク地域の概況　*54*

第2章　農村アクセス問題の歴史的展開　*63*

1　変化を作るドライバーとしての農民に注目する　*65*
2　アイルランドにおける山歩きと農村アクセス問題の進展　*70*
3　管理者責任問題と農民団体のフレーミング　*73*
4　共有地分割問題と反対運動のフレーミング　*80*
5　農民の「生活の便宜」がアクセスを可能にする　*88*

第3章　私的所有地のレクリエーション利用をめぐる作法　*91*

1　ウォーカーは不特定多数の農民とどのように向き合っているか　*93*
2　ウォーカーを代表する2つの全国団体の観点　*96*
3　地元クラブによる対処　*102*
4　閉じられたアクセスと開かれたアクセス　*109*
5　あるべき姿としての「農民との良好な関係」　*112*
6　楽しみを大事にすることそれ自体に他者と向き合う
　　可能性を見る　*118*

第4章　対話の場の限界と非常事態の生みだすもの　*123*

1　他者の環境認識はいかにして承認されうるのか　*125*
2　農民のナビゲーションと環境認識　*129*
3　ウォーカーのナビゲーションと環境認識　*136*
4　対話の場とその行き詰り　*143*
5　二つのナビゲーションが出会うとき──山岳レスキューの現場　*148*
6　異なる環境認識を共存させるもうひとつの回路を捉える　*152*

第5章　いかに農地は公衆に開かれうるか　*155*

1. 「便宜」なく不特定多数の人々を受け入れることは可能か　*157*
2. 農村アクセスをめぐる不確定要素　*162*
3. 農民の土地所有感覚とアクセスの許容　*169*
4. 農民の土地所有感覚とアクセスのブロック　*177*
5. 日常的感覚の中にある「開かれ」の経路をたどる　*182*

終　章　複数的資源管理をめぐる日常的実践の可能性
——対立と折り合っていくための視角　*187*

1. アイルランドの事例を振り返る　*189*
2. 日常的実践から生み出される包摂と「非定形な複数的資源管理」　*195*
3. 重層的なかかわりと「同床異夢」からの展開　*200*
4. 「非定形な複数的資源管理」をめぐる評価　*203*
5. 本書の結論と今後の課題　*207*

おわりに　*211*
参考文献　*215*

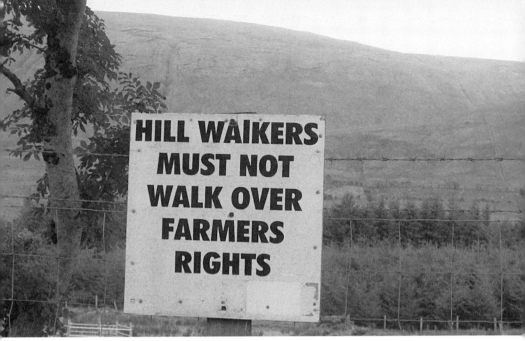

農村の私的所有地を利用したレクリエーションは、時にその土地の所有者とレクリエーション利用者の間に対立的な状況をもたらす。そして、そのような利用が社会的に拡大している場合には、両者は互いに不特定多数の存在として相対することになる。

序章

「対話」も「システム」も「正義」も成立しない現場で
―― 農村アクセス問題の実相と「複数的資源管理論」の限界

序章 「対話」も「システム」も「正義」も成立しない現場で

1 自然資源管理のもうひとつのあり方を模索する ——本書の目的

　本書の目的は、自然資源管理をめぐる社会科学的研究に新たな視点を挿入しながら、現代の暮らしの中にある身近な対立と折り合っていくすべについて考えることである。特に、日本でも人気となってきている農村地域でのレクリエーション活動の現場において生じる対立、その中でも当該地域において土地を法的に所有する人々と、その土地をハイキングやウォーキング等に利用する人々の間の対立が、本書の大きな関心事である。そこで本書では、アイルランド共和国における山歩きを事例として用いながら、この問題の諸相について考察を展開していきたい。

　近代以降、日本も含めた先進諸国においては、第一次産業の経済的・社会的な影響力が相対的に低下していくとともに、それと反比例するように農村[1]に存在する自然資源をレクリエーション[2]の対象として捉える動きが隆盛していった。そして、現在ではそのような自然資源の捉え方は、農村の振興や国民の健康といった観点から、しばしば政策的にも積極的に肯定あるいは推進されるようになっている。例えば、日本の現行の『食料・農業・農村基本計画』においても、「農業・農村に対する国民の関心の高まりやニーズの変化を踏まえ、関係府省の連携の下、農業を軸に観光、教育、福祉等多様な分野の連携を深め、都市と農村の交流を積極的に推進する」などと述べら

---

1) 「農村」あるいは「都市」とは何かということについては独立的な定義が難しく、それらはしばしば様々な指標の連続体の中で捉えられてきた（Lane 1994）。本書においては、「農村」という語は「主に第一次産業が展開されている地域」を、「都市」という語は「主に第二次・第三次産業が展開されている地域」を、緩やかに指すものとする。
2) もともと「レクリエーション」という語は、工業化の過程で発生した、労働力を再生産させることを目的とする各種の余暇活動を意味したものであるが（岡本編 2001）、本書においてこの語は、余暇活動（レジャー）全体の中で、特に運動や野外活動に関わるものを指すという、庄司康の捉え方に従うものとする（庄司 2011）。なお、このようなレクリエーションは、異境経験や金銭の授受といった「観光」の要素を含むこともある。

れている（農林水産省 2015）。

　しかし、農村に対するこのようなレクリエーション機能の充足要求や実際の利用は、当該レクリエーションの対象となる自然資源の存在する地域に暮らす人々との軋轢を生んでしまうことも少なくない。そして、そのようなコンフリクトの対象となる自然資源のひとつが、農村における土地である。特に農村の土地を利用したウォーキング活動をめぐっては、例えば廣川祐司は近年の日本の「フットパス」ブームに伴って生じている3つの問題について述べている（廣川 2014）[3]。ひとつは、行政が新たな地域振興策としてフットパスを大々的に取り上げるようになり、地域住民の十分な理解と協力が得られないままに事業が進められた結果、行政からの予算が途切れたり事業期間が終了したりした途端、管理がなおざりになり利用できなくなるフットパスが生じていることである。ふたつめは、ブームに乗って多くの旅行業者や大企業がフットパスツアーを企画し、大量の観光客を地域社会に連れてくるということが起こり、それによって地域住民にとって受け入れがたい、あるいは負担の大きい状況が生じていることである。そして最後は、行政からの補助金を受ける期間が限られているために、地域の人々や土地所有者との交渉に十分時間が取れず、土地所有者の許可を得ないままフットパスのマップやコースが作られ、事業者と土地所有者の間で係争が生じていることである。

　しかし他方で、現代において多くの先進諸国で採用されている私的所有制[4]のもとでは、法的な私的所有権の設定されている土地の所有者は、基本的にはその土地に対する排他的な発言権を有している。そして、このような法的状況下においては、土地所有者がそこへの侵入者を何らかの手段で排除するということも基本的には合法とされている。そのため、法的な土地所有者とその土地をレクリエーションのため利用する人々の間の軋轢が深刻化した場合には、その土地へのアクセスが所有者によってブロックされてしまう

---

[3] もっとも、日本において「フットパス」と呼ばれる小径は農村・都市を問わず設置されており、ここで述べられている問題も農村のみを想定したものではない。

[4] 本書において用いる「私的所有」とは、所有についての法的な「私権」が設定されているとの意味であり、そこには私有と共有が共に含まれる。

序章 「対話」も「システム」も「正義」も成立しない現場で

写真序-1 農村でのウォーキング活動を中心としたレクリエーションは、日本でも盛んになってきている。特に北海道では、西洋と同様に牧草地を横切るトレイルが、土地所有者との交渉を経て設置されてきた。

という事態も発生しうる。現在の日本もこのような法的環境を有しており、そのため例えば先述のフットパス事業をめぐっては、土地所有者の有する非常に強い立場ゆえに生じてくる困難についても指摘がなされている（平野・泉 2012）。この論考によれば、フットパスの通過地や隣接する土地の人々が感じる、自分の土地に踏み込まれる、見られることへの居心地の悪さが、ほとんどの事業において実際の問題やクレームに結びついているとのことであり、そのような各アクターにおける立場・便益・思惑の違いが、各地のフットパス事業における主要な問題を形成しているという。

　本書では、特に農村の土地へのアクセスをめぐって法的所有者とレクリエーション利用者の間に生じるこのような対立的状況を「農村アクセス問題」という名前で呼ぶことにしたい[5]。この農村アクセス問題における土地のように、複数の利用形式が併存し、また複数の関係者（アクター）がそこに関わるような自然資源の管理をめぐる社会科学的研究においては、これまでいくつかの分析視角を用いつつ考察がおこなわれてきた。しかし、この農村アクセス問題の現場においては、それらの分析視角やその組み合わせでは必ずしもうまく捉えることの出来ないような状況がしばしば発生する。本書では、そのような従来のアプローチが取りこぼしてきた状況下での人々の実践を分析し、そこから自然資源管理のあり方をめぐって何か別の視角を提示できないか、そのための考察を試みる。

　なお、このような問題は先述のように日本でも起こりうるものだが、特に私的所有制を長く社会基盤としてきた西洋諸国においては、この農村アクセス問題はしばしば個別的な状況を超えて社会全体の問題として議論されてきた。また、日本と比べると西洋社会では農村アクセス問題はより先鋭的なかたちを取ることも少なくない。というのも、しばしばこれらの社会では農村のレクリエーション利用の蓄積から、農村アクセスを多かれ少なかれ「自分

---

5) 英語圏においてはこのような問題に対する統一的な呼称はなく、"access to the countryside"、"access issues (problems)" などと表記される。なお、本書で用いる「農村アクセス」とは「農村地域の土地へのアクセス」を指しており、土地以外の自然資源へのアクセスや狩猟採集活動などは基本的には含めないものとして考察を進めていきたい。

たちがこれまで享受してきたもの」と捉える観点が存在しているからである。このことは、例えば日本のフットパスのように、それまで地域外部のアクターがほとんど利用してこなかった土地が整備・宣伝されて誕生したために、そこへのアクセスが「土地所有者や地元住民から新たに与えられたもの」と見なされがちなケースとは対照的である。ただ、今後日本においても農村におけるウォーキング活動などが進むにつれて、そのような利用の蓄積が社会的に意味を持つようになっていく可能性も皆無ではないだろう。そして、本書が事例として取り上げるアイルランド共和国は、農村アクセスをめぐる法的・社会的環境において日本との共通性も少なからず有しているため、この社会における農村アクセス問題の諸相を考察することは、日本の「少し先」を考える際の手がかりにもなると思われる。

以上を踏まえつつ、本章では西洋社会を中心とした農村アクセス問題の歴史と現在について概説するとともに、複数の利用形式・アクターを伴う自然資源の管理をめぐるこれまでの社会科学的研究について整理をおこない、本書の考察の視座を提示していく。

2 社会問題としての農村アクセス問題
——対立の歴史と現在

まず、農村アクセス問題の歴史について述べるところから始めたい。現代のほとんどの社会で採用されている資本主義経済システムにおいて、近代的な私的所有権はその根幹をなすものである。甲斐道太郎らによれば、近代ヨーロッパにおいて完成された資本主義社会では、それ以前の封建社会と比べて「所有」は二面において質的な変化を遂げているという（甲斐ほか 1979）。第一には、所有が「人と物との間の個別的に特定された直接かつ排他的な関係すなわち完全に私的な自足関係として理解」され、「背後の社会関係を捨象してひとしく抽象化され、物的支配の態様にかかわらず、所有一般として法的保護を与えられる」ようになったことである。そして第二には、「主要な生産手段が土地から労働生産物へと転化」し、「生産手段を構成する

のはあれこれの商品の形態をとった資本」となったことであり、これは土地の商品化をもたらすことにもつながった。

この排他的で一物一権的な所有権は、一般にローマ法にその起源の一端をもつとされ[6]、J. Lockeらの自然法思想の広がりとともに、近代以降の西洋各国においてその法的基礎が確立されていった（篠塚 1974）。そして、19世紀後半の資本主義の発展に伴って所有者の権利がさらに強固なものとして認められていくなかで、所有権の絶対性という法学的ドグマが形成されるようになったのである（高村 2014）。しかし、このようにして成立した近代的な私的所有権、とりわけ土地所有権の絶対性や排他性は、土地の投機や囲い込みの急増を引き起こし、その結果地価の高騰による住宅難や、土地から追い出された農民の生活難といった様々な社会問題を生み出すこととなった。そのため、19世紀後半から20世紀にかけて、そのような絶対的・排他的な土地所有権への規制が、ヨーロッパを中心に主張されるようになっていく。その結果、私法において私的所有権の対象となっている土地に対し、土地利用計画などの公法的土地法によって社会的な規制の網を被せるという、現代でもなじみ深い、私法と公法が並立する二元主義的秩序が形成されていったのである。

他方で、このように西洋各国において私的所有権が強固なものとなり、それに付随する社会問題が発生していった時代とは、これらの社会において、農村の自然資源がレクリエーションのため多くの都市住民に利用されるようになっていく時代でもあった。A. Colbinは、19世紀半ばを「産業革命と結び付いた、労働のリズムの再調整が、社会的時間の新しい配分をおしつけ始める」時期と捉え、庶民によるレジャーの誕生とその進展を跡付ける中で、ヨーロッパの農村がこのようなレクリエーションの場となっていく様子を描いている（Colbin 1995＝2000）。例えば19世紀半ばのイギリスでは、それまで上流階級の治療の場であった海水浴場が、鉄道の出現と共に工業地帯の

---

6) ただ、資本主義の展開に資するような、排他的・絶対的な私的所有権の起源については、ローマ法ではなく、イギリスの封建的なコモンローの中に求められるとする学説もある（MacFarlane 1998）。

労働者階級に向けられた観光産業の中心地へと変化していった。あるいは、それまで遠くから眺めて楽しむことが中心で、登ることなど狂気の沙汰であったアルプスなどのヨーロッパ大陸の山々が、イギリス人旅行者によって「困難な運動や健全な活動、精神修養に対する好み」を満たす場として捉えられ、山岳会などの登山団体が作られていった。フランスでも、19世紀に田舎で保養やピクニックをおこなう習慣がブルジョワジーの間で広まり、世紀末には鉄道網の拡張や自動車の誕生によって、田園や森はあらゆるパリジャンの手の届くところになった。また、七月王政以降には、「澄んだ空気によるリフレッシュ、歩く人間と頂上との対峙における、精神的かつ詩的な高揚」の場として、山の効能や登山の価値が都市住民の間で認識されるようになった。

　さらに、19世紀を通して、丘や森、山を歩くことは、都市に住む若者のために組織される活動となっていった。例えば、19世紀の半ばには、社会的・教育的目的のため林間学校やキャンプが造られた。また、1890年代にはドイツでワンダーフォーゲル運動が提唱され、1909年には同じくドイツで世界初のユースホステルが誕生した。同時期にはイギリスでもスカウト運動が始まり、このような若者組織はその活動を通して「山や田園や森を、社交的なつながりを結ぶ場に変え」ていったのである。また、19世紀前半からは観光のためのガイドブックも多数出版されるようになり、このような出版物は「自然への好みや、その神秘主義が吹き込む感情や感動を増進」した。ただ、そこにおいて山地に住む人々は、産業社会の要求から遠く離れたところにとどまっている社会に画趣を与える、もの珍しい存在としての役割を与えられるだけであったという。

　その後1930年代になると、西洋のほとんどの国において有給休暇制度が確立し、「自然への回帰は余暇のすべての組織のプログラムに姿を見せて」いく。そして、このようなヴァカンスの拡大に伴い、山小屋やホリデー・キャンプなど農村レクリエーションのためのインフラも整っていった。このように近代西洋社会においては、私的所有権の絶対化およびそれへの反発と、都市住民による農村の自然資源のレクリエーション利用の進展は、図らずも同時期に進行していったのである。

そして、19世紀後半頃からは複数のヨーロッパ諸国において、土地所有者の法的権利と公衆による農村のレクリエーション利用が、互いに対立する事象としてあらわれるようになっていく。ここでは一例として、イングランドにおけるレクリエーション目的のウォーキング活動をめぐる対立を見てみよう。

　イングランドの農村景観が都市と対比された「カントリーサイド」として「消費」的なまなざしを受けるようになったのは、18世紀のことである。しかしJ. Urryによれば、ヨーロッパにおいては18世紀末まで、農村地域を遊歩する人々（ウォーカー）はしばしば貧困や狂気や犯罪と結び付けられ、危険な存在とみなされていた（Urry 2000＝2006, 2007＝2015）。だがその後、このようなウォーカーへの認識は18世紀末からの輸送手段の発達によって変化していく。輸送の形式が多様化したことによってウォーキングは必要に迫られておこなうものではなく美的な選択となり、さらに鉄道によって都市住民も農村を訪れてレクリエーションのためのウォーキング活動をすることが可能となった。このため、19世紀を通じて農村での散歩や登山はイングランドの中産階級の人々にとって望ましい余暇活動へと変わっていった。そして19世紀後半になると、農村でのレクリエーション活動は人口の大多数を占める都市労働者階級にも普及し、様々な遊歩・登山・サイクリングの組織が作られていった。その後、戦間期には労働時間の短縮や有給休暇制度の導入もあり、都市の労働者層を中心に健康言説に基づくハイキングブームが起こり、第二次大戦後には自家用車の普及によって農村でのレクリエーションは中間層に顕著なものとなっていった（Curry 1994）。

　他方で、19世紀のイングランドは、土地所有権の強化に伴って農村におけるこのようなウォーキング活動の場が減少していった時期でもあった。特に「コモンランド（common land）」などと呼ばれる入会地においては、18世紀に始まる地主による農業開発や狩猟利用を目的とした囲い込みの進展によって、入会権者とともにそこをレクリエーションに利用してきた人々のアクセスがブロックされていった。このような事態に際して、19世紀半ばには中産階級、そして20世紀になると労働者階級もそこに加わって、私的所有地へのレクリエーションアクセスの保護を求める様々な社会運動が発生し

た。組織的には、1865年にコモンランドの囲い込みの阻止を目指す「コモンズ保存協会」、1935年にウォーカーの全国団体である「ランブラーズ協会」などが設立され、彼らはアクセスの保護を求めて政府へ圧力をかけたり、直接行動をおこなったりした（平松 1999）。そして、このような活動を通じて、農村を中心としたアクセスをめぐるレクリエーション利用者と土地所有者との間の対立は、個別状況を超えた社会全体の問題として捉えられるようになっていった。

　そして、このようなアクセスの保護を求める声を受けて、政府も少しずつ法的な対処に乗り出していった。例えば1866年に成立した首都圏コモンズ法では、ロンドン周辺のコモンランドの囲い込みを禁止して公衆のレクリエーションの場として管理することが定められ、さらに1925年の財産法においては都市近郊のコモンランドへの法的な公衆アクセス権が認められた。また、1932年には歩く権利法が制定され、20年間公衆によって通行に使用された私的所有地には、線的なアクセス権が成立することとなった。そして近年では、2000年のカントリーサイド・歩く権利法によって、山岳や荒野や沿岸などの「オープンカントリー（open country）」と、登記済みのすべてのコモンランドにおいて、所有者の財産などを侵害しない限りで、レクリエーションのために公衆がそこに立ち入り、留まる権利が法的に認められるようになった（平松 2003）。

　このように農村を中心とした公衆のレクリエーションアクセスを法的に保護しようという動きは、同時期の他のヨーロッパ諸国でも見られた（Scott 1991, 1998）。例えばデンマークでは、18世紀から20世紀初頭にかけて土地の私的所有権が強化されていき、それまで伝統的になされてきたこれらの土地へのアクセスが不可能になっていった。しかし、20世紀になって社会全体が都市化していくにつれて、デンマーク政府は農村アクセスの法的な保護に着手し、1937年に沿岸地、1969年に囲いのない非耕作地と森林の私道、1992年に農地の私道というように、段階的に私的所有地への公衆アクセス権が設定されていった。そして、このようなアクセス権の拡大には、イングランドと同様に野外レクリエーション団体の継続的なロビー活動が大きく貢献した。

また北欧地域でも、18世紀から20世紀初頭までの土地所有権の強化の流れの後、都市住民による農村でのレクリエーション活動が隆盛するようになった。これに伴い、それまで主に近隣住民のために存在していた私的所有地への伝統的なアクセス権が、所有者の財産やプライバシーを被害しない限りすべての土地への公衆のアクセスが可能であるとする「万人権」[7]へと読み替えられ、法的あるいは社会的に確立されていった（Kaltenborn et al. 2001）。例えばノルウェーでは、住宅開発による沿岸地へのアクセスの喪失の恐れやレクリエーション団体のロビー活動の結果、1957年の野外レクリエーション法においてこのような万人権が体系的に法制化された。あるいはスウェーデンでも、万人権についての体系的な法律はないものの、1964年に自然保護法、そして1994年に憲法の中に万人権に関する記述が加えられている。また、北欧の法的伝統とは異なる地域に属しているが、スコットランドにおいてもアクセスをめぐる論議の末に、2003年の土地改革法によって、万人権に近い中身を持ったアクセスの権利が公衆に与えられた（Vergunst 2013）。すなわち、スコットランドではイングランドと異なり、責任を持った振舞いをする限りにおいて、少数の例外を除きほとんどすべての土地に公衆は合法的にアクセスできるようになったのである。

　他方で、本書で論じるアイルランド共和国も含めて、先述のような農村アクセスのための法的権利が包括的に作られていないままの西洋諸国も数多く存在する。これらの国々においては、公衆のレクリエーション利用をめぐっては土地所有者の排他的な権利が基本的に維持されている。そのため、そのような権利を行使する土地所有者と、それまで可能だったアクセスをブロックされた人々との間で、対立的な状況が現在もしばしば発生している。例えば、アメリカ合衆国メーン州のほとんどの森林地には私的所有権が設定されているが、同時にそこは狩猟を中心とするレクリエーションの場として長い間公衆に利用されてきた[8]。しかし、新たなレクリエーション形態の出現や

---

7) この万人権は、公衆が私的所有されている土地へ単にアクセスすることのみならず、その土地においてベリーやキノコなどの採取活動をおこなうことも認めている。

8) ただし、アメリカ合衆国において公衆による私的所有地へのアクセスがどの程度存在しているかについては、各地域によってばらつきがある（Gentle et al. 1999）。

人口構成の変化などに伴って、近年では土地所有者はそのようなアクセスをブロックするようになり、狩猟者は自分たちの伝統的な権利が脅かされていると感じている（Acheson and Acheson 2010）。あるいはオーストラリアにおいては、とりわけ1960年代に農村レクリエーションに参与する人口が急速に拡大した。だが、そのような人々のアクセスに対する土地所有者の態度はネガティブなものであり、大きな社会問題にまではなっていないが、農村の私的所有地のレクリエーション利用をめぐる対立はよく見られるという（Jenkins and Prin 1998）。また、ニュージーランドでは野外レクリエーションの強い伝統があり、特に国立公園や牧畜リース地などの公有地では公衆によるレクリエーションアクセスがおこなわれてきた。しかし、1980年代からの新自由主義的政策によってそのような公有地の民間への払い下げが進み、それに伴うアクセスの喪失を危惧するレクリエーション関係者は反発を強めていった。また、これらの公有地は先住民族マオリへの土地返還の対象にもなっているが、返還後それらの土地に今まで通りの公衆アクセスが保障されるのかどうかについては幅広い議論を呼んでいる（McIntyre et al. 2001）。

　一般的に言って、北欧地域における万人権のように、農村アクセスのための権利が法的そして社会的に確立されている場合には、公衆が私的所有地へのアクセスの権利を有していることを土地所有者の側もしばしば承認しており、アクセスそれ自体をめぐる対立はそこまで先鋭化しないようである[9]。とはいえ、例えばノルウェーの沿岸地のように、万人権が法的に規定されているにもかかわらず、土地所有者によるアクセスのブロックが現場で少なからず容認されているケースもあり、そのような状況が軋轢を生むこともある（Berge 2006）。あるいは、万人権の内実をめぐっても、対立的な状況は発生する。例えば、スウェーデンでは万人権によって私的所有地上で乗馬をおこなうことが可能になっているが、そのような権利をめぐる乗馬者と土地所

---

[9]　例えば、スウェーデンの一地域における土地所有者へのインタビュー調査では、12人の調査対象者全員が万人権への積極的な支持を表明している（Campion and Stephenson 2014）。あるいは、同国における私的所有地でのベリー摘みをめぐる政治的議論においても、公衆のアクセスの権利自体は、文化的・象徴的な重要性を持つものとしてすべての関係者から支持されているという（Sténs and Sandström 2012）。

有者の見解は異なっており、乗馬レクリエーションへの需要が高まるにつれて土地所有者からの反発が強まっている（Elgåker et al. 2012）。また同国では、EUへの加盟や外国人旅行者の増加や別荘地の開発といった社会状況の変化に伴って、万人権の意味やその行使をめぐって政治的な対立も生じてきているという（Sandell 2006）。

　このように、農村アクセス問題は現在でも多くの西洋諸国において社会的な問題としてしばしば議論を呼んでいる。そして、農村の自然資源をめぐるこのような対立的状況は、とりわけ農村の「消費空間化」が顕著になっていく20世紀終盤以降加速してきているとも考えられているのである（Marsden 1999）。

3　コモンズ論・環境ガバナンス論を中心とした分析視角とその限界

　前節の農村アクセス問題の概説を踏まえて、ここでこの問題の特徴を整理してみよう。まず農村アクセス問題の背景には、農村において私的所有権が設定されている自然資源、とりわけ土地のオープンアクセス的[10]なレクリエーション利用が、多地点的[11]なかたちで発生しているという社会状況が存在する。そして、この問題にもっとも深く関わり、対立的状況に陥りがちなアクターとは、農村において土地を所有している人々とそれらの土地をレクリエーションのために利用している人々である。ただ、先述のようにオープンアクセス的な利用が、しかもあちらこちらで発生していることから、この

---

10) 「オープンアクセス」という語は、所有権が明確でなく、誰もが利用できる状態をしばしば指す。しかし、農村アクセス問題においては、土地に私的所有権が設定されており、またアクセスのブロックも必ずしも非現実的ではないため、本書では「オープンアクセス的」という表現を用いる。
11) 本書において「地点」とは、あるひとつの土地・場所・地域といった地理的ユニットを広く意味し、「多地点的」という言葉によって、人々がそのようなユニットを超えて、同種のレクリエーション活動をおこなうため、あちらこちらを訪れていることが含意されている。

両者は互いに「不特定多数」のアクターとして相対することになる。すなわち、土地所有者にとっては不特定多数の人々が土地へと入って来るという状況が存在し、逆にレクリエーション利用者にとっては不特定多数の人々の土地へと入っていくという状況が存在することになるのである。このような社会状況への対応として、いくつかの国々では一定の基準を満たした私的所有地へのアクセス権を公衆に与えるという法的処置がおこなわれてきた。しかし、そのような処置を経ても、実際のアクセスの現場では軋轢の種は依然として残されている。さらに、そのような公衆アクセス権が包括的に成立していない国々においては、基本的に土地所有者は私的所有権に基づいて独断的に公衆のアクセスをブロックすることが可能であり、両アクターの対立的な状況はより先鋭化する傾向もある。

　では、このような問題状況下において、農村における法的な土地所有者と都市住民を中心としたレクリエーション利用者の間には、どのような関係構築の手立てがありうるだろうか。対立的状況に直面しやすいこれらのアクターは、いかにして互いの存在や利用について承認することができるのだろうか。

　この農村アクセス問題における土地のように、複数の利用形式が併存し、また複数のアクターが競合するような自然資源の管理をめぐっては、これまで「コモンズ」あるいは「環境ガバナンス」といった概念を用いつつ、多くの社会科学的な研究がおこなわれてきた。もっとも、この「コモンズ」あるいは「環境ガバナンス」という用語には、どちらも確立された定義があるわけではなく、ある種の発見的概念として幅広く使用されている。

　まずコモンズという概念については、その最大公約数的なものとして、「自然資源の共同管理制度、および共同管理の対象である資源そのもの」という井上真による定義がある（井上 2001）[12]。つまり、当該の自然資源には、個別的な所有や利用で完結するのでなく、「みんな」のものとして扱われたり、管理されたりする側面が存在している。そしてこの「みんな」の範囲を

12）　このほかの様々なコモンズの定義については、例えば室田・三俣（2004）を参照のこと。

めぐって、井上はコモンズをさらに「自然資源にアクセスする権利が一定の集団・メンバーに限定される管理制度」であるローカル・コモンズと、「一定の集団・メンバーに限定されない管理制度」であるグローバル・コモンズの二種類に分けている（井上 2001）[13]。ただ、このようなコモンズをめぐって展開されている議論（以下「コモンズ論」）の多くは、主に前者、とりわけ地域住民を中心とした自然資源管理のありように考察の力点を置いてきた。

このような地域社会の有する資源管理能力への着目は、特にコモンズ論が北米圏を中心に勃興してきた1980年代においては、当時の政策の主流をなしていたG. Hardinの「コモンズの悲劇」テーゼ（Hardin 1968=1993）へのカウンターとして、大きな意味を持つものであった。複数の人々が利用する資源は個々人の自己利益を最大化しようとする行為によって必然的に劣化するのであり、それを避けるには私有あるいは国有に所有形式を転換することが望ましいと主張したHardinの議論に対し、コモンズ論者たちは世界各地に存在する、地域住民による自然資源管理の現実を統合的に提示することを通して[14]、そのような資源劣化は必ずしも生じないことを示したのである（Berkes ed. 1989; Bromley ed. 1992; McCay and Acheson eds. 1987）。またこれと並行して、各地の自然資源管理事例を総合しつつ、地域住民を中心にした持続可能な資源管理のための設計原理を抽出しようとする試みもなされていった（Agrawal 2002=2012）。

他方で日本においても、先述の北米を中心とした研究群とは異なった流れを保ちつつ、特に1990年代以降にコモンズをめぐる議論が活発化していった。こちらのコモンズ論は地域主義がその源流にあり、自然資源をいかに持続的に利用するかという問いよりも、地域住民の主体性や生活における自治といった側面により大きな注意を払いながら、地域における自然資源管理の内実やその変化について考察がなされてきた（秋道 2004; 多辺田 1990; 井上・宮内編 2001）。

---

13) 後に井上はこの名称を修正して、それぞれを「閉鎖型コモンズ」と「開放型コモンズ」と呼んでいる（井上 2010）。
14) Hardinのモデルが限界を有していること自体は、それ以前から個別的なかたちですでに指摘されていた（Dietz et al. 2002=2012）。

ただ、とりわけ現代世界においては、一枚岩の地域住民がその外部に存在するアクターの影響を受けることなく自然資源管理をおこなっていくという状況を想定するなら、それは現実的ではない。例えば菅豊は、現代社会では「多様なアクターが資源へのアクセス権を主張するものの、相互を規制する社会的な規範やシステムは存在しない場合が多」く、伝統社会とは異なり「特定のアクターに特別な正統性や権利が付与されていないため、その資源を利用するメンバーシップを最初から画定することははなはだ困難」であると述べている（菅 2014）。

このような現代的状況を踏まえて、特に1990年代後半以降には、地域内外からの複数のアクターあるいは利用形式を伴った自然資源の管理についても、多くの社会科学的な研究がなされるようになっていった[15]。コモンズ論においても、21世紀における研究キーワードとして社会・生態システムをめぐる「複雑性」や「不確実性」が提起され（Van Laerhoven and Ostrom 2007）、しばしばそこにおいては、ひとつの種・利用・集団に焦点を当てがちであった従来の研究から、特定の種や場所やスケールを越えて展開される動きを視野に入れた研究へと移行していくことの重要性が語られている（Dolšak and Ostrom eds. 2003）。また、それまでのコモンズ論で十分に展開されてこなかったトピックとして、現代において空間的・時間的に拡大していく利用規模の問題や、増加していく利用者間の異質性の問題などがあげられ、それらを検討していく必要性が提示された（Burger et al. eds. 2001）。そして、そのように複数のアクターや利用形式を視野に入れた研究では、コモンズ論をはじめとした様々な議論を援用しつつ、グローバルな事象とローカルな事象の異同（Keohane and Ostrom eds. 1995）、過少利用やアクター間の競合の問題（新保・松本編 2009）、管理制度が未発達なフロンティア社会における適応過程（関 2005）、多様なアクターがかかわる住民参加型森林管理の内実（市川・生方・内藤編 2010）といった、幅広いトピックをめ

---

15) このような流れについては、例えばMehta et al. (2001)を参照のこと。ただし、この論考でも述べられているように、このシフトはあくまで相対的なものであり、1990年代前半までの研究においてそのようなテーマが扱われてこなかったわけではない。

ぐって考察が展開されてきた。

　そして、そのような諸研究は「環境ガバナンス」という概念を用いて展開されている議論（以下「環境ガバナンス論」）とも接続関係にある。この環境ガバナンス論は、グローバル化や福祉国家の衰退に伴って1980年代後半以降各国で顕著となっていった、中央政府の管理領域の縮小と市場および分権的政策手法の隆盛という政治的潮流の中で登場してきた、多様な自然資源管理形態についての議論を含んでいる（Evans 2012）[16]。しかし、そのように多様な議論の共通点は、「ガバメントからガバナンスへ」というフレーズが象徴するように、脱集権化された多元的な自然資源管理に関する考察をおこなっているということである。日本においてよく知られている、「上（政府）からの統治と下（市民社会）からの自治を統合し、持続可能な社会の構築に向け、関係するアクターがその多様性と多元性を生かしながら積極的に関与し、問題解決を図るプロセス」という、松下和夫と大野智彦による環境ガバナンスの定義は、そのような環境ガバナンス論の着眼点を端的にあらわしていると言える（松下・大野 2007）[17]。

　そして、このような着眼点に基づきつつ、環境ガバナンス論ではローカル、ナショナル、リージョナル、グローバルといった幅広いレベルの事象を取り上げ、そこで展開されている多様なアクター間の関係性を中心に広範な分析がなされてきた（Glasbergen ed. 1998；松下編 2007）。また、先述のように環境ガバナンスとは多元性や多様性を有した資源管理という緩やかなくくりであり、そこには「ネットワーク型」や「市場型」といったように多様なガバナンス形態が存在している（Evans 2012）。そして近年では、そのような形態の一つである、「順応的ガバナンス（adaptive governance）」をめぐる議論も活発化している（Folke et al. 2005；宮内編 2013）。この順応的ガバナンスは、予測のつかないインパクトを吸収できるレジリエンス（復元＝回復

---

16) この意味においてコモンズ論は環境ガバナンス論の一部として考えることもできるが、両者の間には微妙な差異も存在している。このようなコモンズ論と（環境）ガバナンス論の異同については、三俣・嶋田・大野（2006）を参照のこと。
17) なお、欧米圏における環境ガバナンスの定義の整理については、例えばArmitage et al.（2012）を参照のこと。

力）を保ちつつ、諸アクターの継続的な学習によって資源管理システムを随時適応変化させていくというガバナンス形態であり、このような動きは複雑性や不確実性を重視する先述のコモンズ論の動向とも呼応している。これに加えて、そのような環境ガバナンスを望ましい資源管理のかたちとして規範的に扱うのではなく、それが埋め込まれている社会状況や、その過程がはらむ抑圧的な側面に目を向ける必要性も提起されている（Lemos and Agrawal 2006; 脇田 2009）。

　さて、以上のようなコモンズ論や環境ガバナンス論を中心にして展開されてきた、複数のアクターあるいは利用形式を伴う自然資源の管理をめぐる社会科学的な研究群[18]を、本書では一括して「複数的資源管理論」という名で呼ぶことにしたい。この複数的資源管理論においては、当該資源を利用するアクター間の関係性に着目する際に、大きく分けて3種類の視角が用いられている。そして、それらの視角はしばしば組み合わされながら対象の分析に適用され、これまで大きな研究成果をあげてきた。本書では、それら3つの分析視角をそれぞれ「対話アプローチ」、「システムアプローチ」、「正義アプローチ」と名づけて、便宜的に区分してとらえたい。そして以下ではそれぞれの分析視角について整理をおこないながら、社会問題としての農村アクセス問題を論じる際の、それらの視角の限界について述べていく。

3-1　対話アプローチとその限界

　まず、本書で言う「対話アプローチ」とは、自然資源管理をめぐって立ち現れてくる、複数のアクター間での対面的相互行為やネットワーク形成といった、言わば「対話」のありように注目する分析視角のことである[19]。このようなアクター間の対話をめぐっては、これまで多くの論者が一定の理論

---

18) もちろん、このような自然資源管理の議論をめぐっては、自然科学的な研究群も重要な役割を果たしてきたことは言うまでもない。ただ、本書は農村アクセス問題を題材に、特にアクター間の関係性に焦点を当てて考察をおこなっていくものであるため、社会科学的な研究群に主に依拠しながら議論を進めていきたい。
19) 本書では「対話」という語を、アクター間のコミュニケーション全般をあらわすというよりも、交渉や協働のためのやり取りという、より狭い意味において用いている。

化を試みている。例えば、V. M. Edwards と N. A. Steins は、単数の利用形式に注目しがちであったそれまでのコモンズ論を批判し、複数の利用形式およびアクターが併存する自然資源の管理について、「資源利用交渉のためのプラットフォーム」という、言わば関係者の対話の場を軸にした集合行為のフレームワークを提起している（Edwards and Steins 1998; Steins and Edwards 1999）。あるいは、F. Berkes や E. Pinkerton などが中心的論者となってきた「共的管理（co-management）」の議論も、類似の視点を持っている。もともとこの議論は、地域の資源利用者と政府機関との間の関係性を主に扱っていたが（Berkes et al. 1991; Pinkerton ed. 1989）、現在では公・私の幅広いアクターの間で形成されるネットワーク全般について論じている（Carlsson and Berkes 2005）。

また、日本においても同様の議論が存在する。例えば鬼頭秀一は、「よそ者論」という名で、環境問題の現場で利害や理念において普遍性を自認する「よそ者」が、地域の個別性と普遍的な理念とを接続することで、「地元」と「よそ者」が共に変容を遂げて「つながる」可能性について考察した（鬼頭 1996, 1998）。あるいは井上真も、現代的なコモンズのモデルとして、「中央政府、地方自治体、住民、企業、NGO、地球市民などさまざまな主体（利害関係者）が協働（コラボレーション）して資源管理をおこなう仕組み」としての「協治」を提唱し、地域住民を中心としつつも地域外部の人々も含めた多様なアクターが「開かれた地元主義」に基づいて自然資源の管理をおこなっていくための枠組みを提示している（井上 2004, 2009）。

そして、このような対話アプローチを有する研究では、個別の権利者との折衝（Schlueter 2008; 関 2009）から、地域レベルでの関係者の協働（三上 2009; 山本編 2003）、そして広くはグローバルな資源管理の議論（松本 2001; Young 1994）に至るまで、様々なレベルの対話の場が分析の対象になっており、そこにおける交渉や討議や協働の諸相について分析が加えられている。さらに、近年では「クロススケール・リンケージ」（Berkes 2002＝2012）あるいは「重層的環境ガバナンス」（植田 2008）といった概念が提起されており、複数の対話の場の間の接続や相互作用の動態について分析することの重要性も指摘されている[20]。そして、本書の扱う農村アクセス、す

なわち農村における私的所有地のレクリエーション利用をめぐる研究の中にも、このような対話アプローチを分析の中心に据えるものが少なくなく、そのような研究では、土地所有者とレクリエーション利用者を中心とした対話の場が、様々な問題の解決に向けていかに有効に機能しているのか／していないのかが主に論じられている（Ravenscroft et al. 2002; 嶋田 2014; Sidaway 2005; Zachrisson 2010）。

ただ、先述のように農村アクセス問題の背景には、私的所有地のオープンアクセス的なレクリエーション利用が、多地点的に発生しているという社会状況が存在する。そして、このような状況下では、しばしばレクリエーション利用者は、各土地の所有者たちと顔を突き合わせて交渉したり、ネットワークを形成したりすることなくアクセスをおこなっている。つまり、農村アクセス問題が発生している社会においては、対話アプローチが着目するような関係性には回収できないレクリエーション利用者あるいは土地所有者が多数存在しているのである。さらに、農村アクセスとは水源涵養や生物多様性などと同様に、不特定多数の人々が利益享受者となる農村の「公益的機能」[21]をめぐる問題ではあるものの、そのような不特定多数の人々が複数の問題現場、つまり農村の土地に直接的にアクセスをしてくるという点において特異な性質を持つ。つまり、他の「公益的機能」の問題とは異なり、離れた現場にいるアクターに対して想像力を働かせる（阿部 2007）だけでは済まないような、アクター間の近接性やそれにともなう切迫性を農村アクセス問題は有している。しかしながら、そのように活動現場を共有しながらも、互いに対話をおこなう機会を持たないアクター同士がいかなる関係性を持ちうるのかということについては、この対話アプローチでは捉えきれないので

---

20) このように多様なアクター間の「つながり」に重点を置いた分析をおこなうことが多いため、対話アプローチを有する研究においては、しばしばネットワーク分析や社会関係資本の議論が援用される（Carlsson and Sandstrom 2008; Rydin and Falleth eds. 2006）。また、問題解決に向けて多様なアクターが学びあうことの重要性が多くの研究で指摘されており、先述の順応的ガバナンスの議論ともしばしば接続している。

21) 本書では、公益的とされる機能の内実は常に社会的に決定されていくと捉えているため、このようにカッコ付けでの表記をおこなう。

ある。

3-2　システムアプローチとその限界

　他方で、複数的資源管理の現場では、そのようなアクター間の対話ではカバーしきれない事態にも対処できる制度の体系、言いかえれば「システム」が成立していることもある。そして、本書で述べる「システムアプローチ」とは、自然資源をめぐる複数の利用形式あるいはアクター間を調停するための、そのようなシステムに注目する分析視角を指す。なお、このシステムは複数の制度から構成されており、それらはしばしばアクター間の対話の場を通じて生み出されてくるが、そうではなく政府機関などの単独のアクターによって構築されることもある。

　そして先述のように、そのような制度は対話の場に参与するアクターに加え、そこには関わってこないアクターの利用もカバーしていることが少なくない。例えば、近藤隆二郎は不特定多数の人々によって利用される「写し巡礼地」[22]が、多様なアクターの共有する「シナリオ」によって成り立っていることに注目しているが（近藤 1999, 2006）、このシナリオは当該資源をめぐってなされる行為の種類に限定を設け、必ずしも対話関係が成立しないアクター同士の共存を可能にする制度である。なお、これと類似の構造を持ちつつ、より強い規範性を有している制度が、当該資源の利用をめぐる「環境倫理」である（Holden 2005）。

　また、これらの言わば「ソフト」な制度以外に、より「ハード」な制度もある。特に不特定多数者の資源利用をめぐっては、例えばゲートや道路といったインフラを整備したり、入場券やガイドなどを設定したりすることで、そのような利用をコントロールすることができる（Healy 2006；佐竹・池田 2006）。あるいは、さらに強制力の大きな制度として、望まない利用者を排除するための、利用状況のモニタリングや制裁の実行などもあげられる

---

22) 写し巡礼地とは、四国八十八ヵ所や西国三十三ヵ所といった、容易に巡礼できない遠方の大巡礼地を身近な場に模倣し、近隣地域の人々に対して巡礼の機会を与えることを目的に開設された巡礼地である。

（Burger and Leonard 2000; 新川 2012）。もともと多くのコモンズ論、そして一部の環境ガバナンス論は、利用をめぐって排除性が低く控除性が高い性質を持つ「コモンプール資源（common-pool resources）」[23]に対して、いかに排除性を上げ、控除性を下げるような管理制度を構築するかという問いに重きを置いてきたが（Ostrom 1990; Paavola 2007）、これらの「ハード」な制度は主にそれに応えるものと言えよう。

　また、このような利用のコントロールの問題とは別に、アクター間の費用便益の不均衡を調整する制度もある。特に自然資源の「公益的機能」をめぐっては、不特定多数の人々がその利益を享受する一方で、機能維持のための管理行為はその資源に近接して生活を送る一部の人々に委ねられていることが少なくない。このような事態に対処する制度として、例えば管理の担い手に対し、補助金や表彰制度を通して経済的あるいは社会的な報奨を与えるというものがある（Neef and Thomas 2009; 高村 2012）。あるいは、観光事業化をおこなって管理を担うアクターが不特定多数の人々の利用から直接的に利益を得られるようにする場合もある（Healy 1994）。これらは、費用負担の大きいアクターに対して供給インセンティブを作りだし、複数のアクターあるいは利用形式の調停を図る制度である。

　そして、ここまで述べてきたような諸制度は、実際の現場においては単独で用いられるというよりしばしば複数が組み合わされており、それによって対話ではカバーできないアクターも組み入れた複数的資源管理のシステムが構築されている。農村アクセスに関する研究においても、このような制度やシステムの視角から対象にアプローチするものが存在しており、そこでは農

---

23) このほか、排除性と控除性が共に低い資源は「公共財（public goods）」、排除性が高く控除性の低い資源は「クラブ財（club goods）」、排除性と控除性が共に高い資源は「私有財（private goods）」と呼ばれる。なお、農村アクセス問題においては、当該の土地はひろく公衆に利用され、かつその利用は直接的に所有者の利益取得を減ずるものではない一方、所有者によるアクセスのブロックや混雑時における農作業への支障といったかたちで、ある程度の排除性及び控除性も生じうる。このため、農村アクセス問題における土地は、「公共財」や「コモンプール資源」ではなく、単に「非純粋公共財（impure public goods）」と表現されることもある（Vail and Hultkrantz 2000）。

村レクリエーションのための利用コードやインフラ、あるいは土地所有者に向けたインセンティブスキームをめぐって、その有効性などについての分析がおこなわれている（Church and Ravenscroft 2008; Crabtree 1996; Merriman 2005; Vail and Heldt 2004）。

　しかし、このようなシステムを構築したりそれを有効に機能させたりするには、しばしば人的・財政的な資源が必要であり、それらの資源を十分調達できない場合にはこのシステムによる対処は実現が難しい。あるいは、より文化的・政治的な状況やコンテクストのために、制度生成がうまく進まないという事態も発生しうる（McCay 2002＝2012）。他方で、先述のように農村アクセス問題の背景には、人々が多地点的に農村レクリエーションをおこなうという社会状況が存在している。つまり、レクリエーション利用者はしばしば、一つの場所や地域を越えて当該のレクリエーションをおこなっている。だが、そのような複数の地点すべてで先述のようなシステムが成立しているとは限らない。すなわち、当該社会では農村アクセスをめぐって、アクセスがなされる地点ごとにそれに対処するシステムが作られていたりいなかったり、あるいはシステムは存在したとしてもそれが有効に機能していたりいなかったりという、対処における「斑」がしばしば発生しうる。しかし、そのようにして出現する、システムの言わば「空白地帯」をめぐって、現場のレクリエーション利用者あるいは土地所有者がいかにその状況に対処しているのかということは、このシステムアプローチでは捉えきれないのである。

3-3　正義アプローチとその限界

　他方で、先述のように公衆に法的なアクセス権が包括的に付与されていない社会においては、私的所有制のもと土地所有者はアクセスに関する排他的・絶対的な権利を基本的に保持している。言い換えれば、これらの社会では土地所有者とレクリエーション利用者の間には、アクセスをめぐって法的権力の非対称性が存在している。そのため、農村アクセス問題をめぐって先述のような対話やシステムによる対処が機能しない場合、あるいはたとえそれらが機能していたとしても、土地所有者は一方的にアクセスをブロックすることが法的には可能である。本書で用いる「正義アプローチ」とは、この

ように複数的資源管理をめぐって展開されている様々な権力の布置や、それに伴う「正義」のありかに注目する分析視角である[24]。

　そして、この「正義アプローチ」はその重点の置き所によって、さらに2つに分けて考えることができる。ひとつは、当該の自然資源をめぐって複数のアクターの正義が衝突・交錯し合う権力プロセスに注目していく視角である。例えば宮内泰介は、「レジティマシー」という言葉によって「ある環境について、誰がどんな価値のもとに、あるいはどんなしくみのもとに、かかわり、管理していくか、ということについて社会的認知・承認がなされた状態（あるいは、認知・承認の様態）」をあらわし、多様なアクターによるそのようなレジティマシーの獲得プロセスを分析するための枠組みを提示している（宮内 2006）。また、このような視角においては、自然資源をめぐる所有やアクセスも固定的・静態的な所与ではなく、多様なアクターが関与する権力プロセスの中で、様々な制度・言説・物質・実践的な手段を通して遂行的に達成される現象として捉えられている（Benda-Beckmann et al. 2006; Ribot and Peluso 2003）。そして、T. SikorとC. Lundが述べるように、そのようなプロセスにおいて法的な所有権は、権威装置の一つとして政府機関をはじめとした様々なアクターによって利用されることになる（Sikor and Lund 2009）[25]。農村アクセスにかかわる諸研究においても、このように複数のアクターが様々な資源を動員しつつ、私的所有地へのアクセスに関するレジティマシーをめぐって競合するプロセスについて分析したものが存在している（Parker 1996, 1999, 2002; Segrell 1996）。

　しかし、一般にこのような複数の正義が競合するプロセスに注目する議論においては、「では対立的状況にあるアクター同士が、互いの存在や資源利用を認め合える契機はどこに存在するのか」という点については、必ずしも

---

[24] この正義アプローチにおいては環境正義やポリティカル・エコロジーの議論が援用されることが多いが、それらの議論はともすれば制度設計に重点を置きがちなコモンズ論や環境ガバナンス論においてはしばしば等閑視されてきたとも指摘される（Armitage 2008; Hall et al. 2014）。

[25] 所有をめぐって松村圭一郎が述べているように、このようなプロセスにおいて各アクターはまったく自由に戦略を展開しているわけではなく、参照されるべき複数の「枠組み」がそこには存在しているのである（松村 2008）。

明らかにされていない。あるいは、たとえ言及されるにしても、それは不断のプロセスの中で現出してくる、一時的な正義の落ち着きとしてしばしば描かれている。そして、多くの場合そのような一時的な正義の落ち着きは、先述の対話やシステムを経由するかたちで成立しているのである（Brown 2012; 菅 2006; 富田 2010）。しかし、これまで述べてきたように、農村アクセス問題をめぐっては対話やシステムに注目するアプローチでは必ずしも捉えきれないような現場が存在しうる。だが、そのような現場において、異なるアクターがどのように互いを承認できるのかということまでは、この権力プロセスの視角はカバーしていない。

　他方で、「正義アプローチ」に含まれるもうひとつの視角は、そのように自然資源をめぐって複数のアクターが競合する状況において、公権力あるいは法や規則などによってもたらされる様々なかたちの不正義について糺そうとする、言わばエンパワーメントの視角である。特に農村アクセス問題とも関連する私的所有権をめぐっては、近年のグローバル資本主義や新自由主義的政策によるその称揚が、しばしば社会的弱者の生活基盤に破壊的な影響をもたらしており、そのような事態を批判的に論じた研究が存在している（Blomley 2008; Mansfield 2004）。また、自然資源のレクリエーション利用に関しては、日本において1970年代を中心に展開された入浜権運動についての考察（本間 1977; 関 1999）や、アメリカ合衆国における公共信託原理についての議論（McCay 1998）などが、このようなエンパワーメントの視角を持った分析と言える。そして、農村アクセスをめぐっても、土地所有者とレクリエーション利用者の間の権力的な不均衡について分析し、私的所有権やそれに依拠する市場主義などに対して批判をおこなう研究がある（Ravenscroft 1995; Ravenscroft et al. 2012; Ravenscroft and Gilchrist 2010; Shoard 1999）。

　しかし、入浜権などの環境権議論の多くが「人間がその地域に『住まう』こと」を重視して構成されている一方（関 2001）、農村アクセス問題においてしばしば争われている公衆のアクセス権とは特定の地域生活と必ずしも不離のものではない。そして、このような地域を中心とした権利と公衆一般についての権利の間には、時として齟齬が発生してしまう。例えば、ニュー

ジーランドの農村アクセス問題について論じた N. Curry は、先住民族マオリの土地への権利を回復させようとする「正義」の原理と、公衆のレクリエーションアクセスを保障しようとする「平等」の原理が衝突してしまう場合があることを明らかにしている（Curry 2001a）。加えて Curry は、イングランドを事例に農村レクリエーションをおこなう人々の多くは富裕層であると指摘し、アクセスの機会を増やすことは富裕層を優遇するだけで、社会全体の不平等を是正することにはつながらないとも主張する（Curry 1994）[26]。このような意味で、農村アクセス問題をめぐって公衆にアクセスの権利を付与することを、不正義の是正という観点から一概に称揚することは必ずしも適当ではない。しかし他方で、現状の私的所有の論理をそのまま肯定するだけでは、アクセスをめぐる土地所有者の権利が排他的・絶対的なものとなり、その権利の枠外にいる人々の正義が有無を言わさず遮断されるということにもなりかねない[27]。すなわち、農村アクセス問題をめぐっては、何が不正義かが必ずしも明白ではなく、そのためエンパワーメントに重点を置く正義アプローチではそこで展開している事態を必ずしもうまく捉えられないのである。

4 こぼれ落ちた現場の実践を見据える
—— 本書の視座と各章の構成

　前節で整理したように、これまでの複数的資源管理をめぐる社会科学的な議論においては、大きく分けて「対話アプローチ」、「システムアプローチ」、「正義アプローチ」という3つの分析視角が存在してきた。ただ、今一度確認しておきたいのは、ここまで議論の整理のため3つの視角を便宜的に分

---

26) このような観点から、Curry は農村アクセスに関しては市場を通じた供給という「効率」の原理を適用することに賛意を示している（Curry 2001b）。
27) これに関連して、鈴木龍也はかつての役割が薄れつつある日本の入会地において、入会集団の持つ権利が私的所有権を根拠に排他性を強め、既得権化してしまうことの弊害について指摘している（鈴木 2006）。

けて論じてきたが、実際の分析過程においてはこれらの視角はしばしば組み合わされて適用されているということである。例えば、井上真は先述の「協治」について論じる際、様々なアクターに対して当該資源への「かかわりの深さ」に応じて発言権を付与するという「応関原則」を同時に提唱しているが（井上 2004, 2008）、これは正義アプローチ（この場合はエンパワーメント中心）が対話アプローチに付加されていると解釈できるだろう。あるいは、アクター間のネットワークを考察している諸論考でも、そこに展開されている権力の動態についてしばしば言及がなされており（Bodin and Crona 2009; Plummer and Armitage 2007a）、対話アプローチと正義アプローチ（ここでは主に権力プロセス）が組み合わされている。また、先述のように複数の利用やアクターを調停するシステムはしばしば対話の場を通じて生み出されてくるため、対話アプローチとシステムアプローチが併用されるということも珍しくない。

　ただ、先述のように農村アクセス問題をめぐっては、これら3つの分析視角では捉えきれないような状況が存在している。そして、そのような状況はこれらの視角が組み合わされて分析に適用されているとしても、やはりその対象からは抜け落ちてしまう。すなわち、本書で問題としたいのは、農村アクセス問題を抱える社会においては、これまでの複数的資源管理論が主に注目してきた「対話」も「システム」も「正義」も成立しえないような現場がしばしば立ち現れてくるということである。より具体的に言えば、土地所有者とレクリエーション利用者が同一の土地において対立性を含んだ異なる利用をおこなっているものの、両者の間には対話の契機がなく、両者の利用を調停するようなシステムも構築されておらず、加えてそこに正義の落ち着きや明白な不正義の存在を見出すことも難しい、というような状況が、農村アクセスを抱えた社会ではしばしば発生する。だが、そのような状況下で土地所有者やレクリエーション利用者がいかなる実践をおこなっているのか、あるいはそこで彼らがいかにして互いの存在や資源利用を承認することができるのかといった問題については、これまでの複数的資源管理論では正面から論じられることはなかったのである。

　しかし、そのような問題をきちんと検討することなしには、当該社会の農

村における法的な土地所有者と都市住民を中心としたレクリエーション利用者の間に、どのような関係構築の手立てがありうるのかという、農村アクセス問題が投げかける問いに十全に応えることはできないだろう。よって本書はこの問題に取り組み、複数的資源管理をめぐる先行研究の分析視角の隙間を埋めることを試みる。ただ、確認のため断っておくと、本書は複数的資源管理において対話やシステムや正義が無意味であると主張するものではまったくないし、それらのありように注目してきた先行研究の成果を否定するものでもない。あくまで本書が目指すのは、それらの先行研究の分析視角からこぼれ落ちてしまった現場やそこにおける人々の実践を拾い上げることである。

そして、本書で農村アクセス問題の事例として用いるのが、アイルランド共和国の農村地域においてレクリエーション目的でおこなわれている山歩き（hillwalking）である。この問題における主要な関係者は、農村において土地を法的に所有し、そこで農業を営んでいる農民と、主に都市に住み、山歩きを中心としたウォーキング活動を愛好する人々（以下「ウォーカー」）であり、本書はこの両アクターの実践を分析しつつ、両者の間に成立する関係性について考察をおこなう[28]。

なお、本書でアイルランド[29]を事例として取り上げる理由は、この社会の持つ2つの特徴にある。ひとつは、アイルランドにおいて農村アクセス問題は比較的新しい社会問題であるということだ。次章でも述べるが、アイルランドはレクリエーション文化の普及が比較的遅く、山歩きを中心とした農村アクセス問題が顕在化したのは20世紀の終わりになってからであった。そのため、イングランドや北欧諸国のように農村アクセス問題をめぐってある程度の歴史を重ねてきた社会と比べると、アイルランドには従来の複数的資源管理論が注目してきたような「対話」や「システム」や「正義」が十分

---

[28] 農村アクセス問題においては、土地所有者が農業などの第一次産業には従事していないというケースも存在する。ただ、本書においては土地所有者が農民であるケースに分析の範囲を限定して考察を展開する。

[29] 以後、特に説明がない限りは、この語はイギリス領北アイルランドを除いたアイルランド共和国を指すものとする。

に構築されないままの現場が現在でも多く存在している。この意味で、アイルランドは「複数的資源管理論の視角が取りこぼしている現場をすくいあげる」という本書の試みに適合的である。

　また、アイルランドで農村アクセス問題が顕在化していった20世紀の終わりとは、日本も含めた多くの先進諸国において、農村に対する「消費」的なまなざしが強まっていった時期でもある。そのため、このようなアイルランドにおける現場の人々の実践を検討することは、同様に後発的に自然資源へのアクセスが問題化していく可能性のある社会――冒頭に述べたように農村でのウォーキング活動が広がりつつある日本もそこに含めてよいだろう――の今後についての示唆を少なからず有している。

　そして、アイルランドを取り上げる理由であるもうひとつの特徴は、アイルランドの法制度や社会意識において、土地、とりわけ農地の私的所有権が優越的な地位を占めているということだ。次章でも述べるが、アイルランドは土地所有をめぐる特異な歴史・小農の多さとその経済的苦境・薄い農村アクセスの伝統といった社会的環境のために、イングランドや北欧諸国のように農村アクセス問題への対処として私的所有地への公衆アクセス権を法的に整備するということが容易ではない。現在、このアイルランドと同じように公衆のアクセス権が成立していない先進国は他にも数多く存在しており、特に日本などはそのような法的環境に加えて、社会的環境においてもアイルランドとの共通点を少なからず有している。そして、これらの社会においては、農村アクセスをめぐってアクター間の対立的状況が生じた場合には、現行の私的所有権の優越性と大きく離齬をきたさない対処実践が――少なくとも当面は――必要となってくるだろう。

　ただ、自然資源管理をめぐる議論、特にコモンズ論においては、このような法的所有権の布置をいったん脇におきつつ資源管理の現場を分析するというかたちの研究がしばしばおこなわれてきた。例えば井上真は、「所有」それ自体よりも「所有のあり方と独立していると同時に、利用を包含する概念」としての「管理」の側面に注目することを提唱している（井上 2001）。このような傾向の背景には、特に非西洋の現場においては法的な所有関係が必ずしも重視されないという状況や、それを踏まえて近代的な私的所有権あ

るいは私的所有制を相対化していこうという研究者側の意図があるものと思われる（Hann 1998; 嘉田 2001）。

　他方で、そのように「管理」に重点を置く研究は、自らが注目する現場の人々の実践と法的な所有権の間でいかなる折り合いが付けられているのかということについては、あまり論じてこなかった。このような言わば「所有」の等閑視については、高村学人などの法学者が、「所有論にあえて踏み込まない」とする立場では「所有類型のあり方が利用・管理の形態にどのような影響を与えているのか、といったコモンズの今後の制度設計にとって不可欠な点が全く分析できなくなる」と断じている（高村 2009）[30]。また、このような法学者の指摘を受け、コモンズ論者の三俣学は、「『所有形態まずありき』でも『利用と管理の実態まずありき』でもなく、その相互規定的・相互作用的側面に注目する『複眼的アプローチ』が重要視されるべきである」と述べている（三俣 2010）。

　そして本書も、アイルランドという私的所有権の優位性が強固であり、かつ農村アクセス問題が現在進行中であるフィールドを用いることによって、農村アクセスをめぐる現場の人々の実践と現行の私的所有権の折り合いのありようを考察の射程に含めたいと考えている。ただ、先述の法学者らが自然資源管理における法的所有権を重視してきたのは、主に地域住民や市民による自治的な資源管理を支持あるいは導くような法制度に注視しているためである（廣川 2013; 高村 2012）。他方で、本書はそのような観点とはやや異なり、アイルランドを事例とすることによって、現行の私的所有権の優越性とも折り合い、そこから大きく逸脱することなく展開されうる実践のありようを探求する。言いかえれば、現代世界において支配的なものとなっている私的所有制を否定しない点で本書は法学的なコモンズ論と同じ立ち位置にあるが、後者が現行の法制度の中に現場の人々の実践をいかに組み込めるかということにしばしば専心するのに対し、本書は私的所有を優越的なものとす

---

30) ただ、コモンズ論における「管理」重視の傾向は、それなりの理由があってなされてきたものである。例えば、先述の法学者らの批判に対する反論として、井上（2008）を参照のこと。

る法制度やイデオロギーとは必ずしも矛盾あるいは対立することなく続けられている現場の人々の実践を捉えていこうとするものである。

　以上のような視座に基づきつつ、以降の章ではアイルランドにおいて農村アクセスをめぐって全国あるいは地域レベルで展開されてきた、ウォーカーと農民の様々な実践を取り上げるとともに、この両アクターが対話やシステムや正義を必ずしも経由せずとも相手側の存在や資源利用を承認できるような契機について検討を加えていく。

　まず第1章では、第2章以降において展開される、農民およびウォーカーの実践の考察のための前提情報を提示する。具体的には、20世紀以降のアイルランド農村の変化や1980年代からの農村アクセスの隆盛、そしてアイルランドにおける私的所有地へのアクセスをめぐる法的・制度的な状況について概説をおこなう。また、本書の研究方法について明らかにすると共に、第3章以降の分析の舞台となるフィールドワーク地域の概況についても記述する。

　第2章では、アイルランドにおける山歩きをめぐる農村アクセス問題の歴史的展開について分析をおこなう。アイルランドにおいては、1980年代後半に農民たちがおこなった2つの運動のフレーム戦略によって、ウォーカーが農村アクセスをめぐる論争に巻き込まれていった。ここでは、そのようなアイルランドにおける農村アクセス問題の初期展開を跡付けるとともに、より良き地域生活のために不特定多数のウォーカーの農村アクセスを利用しようとする農民の実践が明らかとなる。

　第3章では、アイルランドのウォーカーたちがどのように農村アクセス問題に対処しているかについて分析をおこなう。ウォーカーを代表する2つの全国団体の主張とは異なり、実際にアクセス問題を抱えるフィールドワーク地域の登山クラブは、「農民との良好な関係」という論理を軸に、自分たちが理想とする楽しみの観点からアクセスに対処している。ここでは、個別の地域生活の論理に必ずしも回収されることなく多地点的に活動する現場のウォーカーが、不特定多数の農民と共存するために用いている作法が明らかとなる。

　第4章では、農民とウォーカーの環境認識をめぐる諸実践について、

フィールドワーク地域を事例に分析をおこなう。この地域を含めてアイルランドでは、農民とウォーカーの環境認識が出会えるような対話の場は、そこに関与してこない外部アクターの影響力によってしばしば行き詰っている一方、ウォーカーを中心とした山岳レスキューは独自に農民の環境認識を研究している。ここでは、対話の場とは別の契機において形成される、異なる環境認識の接続回路が明らかとなる。

　第5章では、農村アクセス問題の現場における農民たちの実践について分析をおこなう。アクセス問題を抱えるフィールドワーク地域の農民たちは、ウォーカーへの信頼とは別のところで、「自分が生まれる前からあって、自分が死んでからもある土地」という論理に基づいて、ウォーカーのアクセスを許容したりブロックしたりしている。ここでは、自身の生活の便宜とは必ずしも合致しない不特定多数の人々のレクリエーション利用とも共存しうる、農民の日常生活の構えが明らかとなる。

　そして終章では、それまでの議論をまとめつつ、自然資源管理をめぐる社会科学的研究に新たな視点を提示する。本書の分析から見えてくるのは、農村アクセスをめぐる現場においては、たとえ対話やシステムや正義が成立していなくとも、農民とウォーカーはそれぞれ、不特定多数である互いの存在を自らの日常的な実践を通じて承認するすべを有しているということである。ここでは、対話やシステムや正義が必ずしも成立しない現場を生きる人々の日常的実践から生まれる複数的資源管理のかたちが明らかとなる。

アイルランドにおいては、20世紀の終わりごろから主に都市住民による農村地域のレクリエーション利用が急激に増加していったと言われている。そして、その中でも特に論争を呼んできたのが、丘陵の農地を横切っておこなわれる山歩きであった。

第1章
アイルランド農村という場所

第1章 アイルランド農村という場所

1　農業の凋落と構造的な二極化——20世紀以降の変化

　本書のフィールドとなるアイルランド共和国は、ヨーロッパの北西端に位置している。その国土は、北海道とほぼ同じ大きさのアイルランド島のうち、イギリス領北アイルランドを除いた部分から構成されており、総面積は約70,300km^{2}である。アイルランド島は高緯度に位置しているものの、暖かな北大西洋海流と偏西風の影響によって、その気候は西岸海洋性気候に分類されている。平均気温も冬季で5～7℃、夏季で13～15℃と安定しており、降水量は比較的多いものの積雪はほとんどない。また、その地形は氷河期の侵食による影響を色濃く受けており、島の中央部には平坦で広大な石灰岩質の低地が広がり、多数の湖が存在する一方、沿岸に近い周辺部では氷河渓谷と薄い土壌に覆われた丘陵が連なっている。ただ、それらの丘陵の標高はそれほど高くなく、1,000mを越える山は国内に3つしか存在しておらず、最も高い山でも1,041mである。本章においては、このようなアイルランドの農村における20世紀以降の変化や近年の農村レクリエーションをめぐる動向について記述するとともに、アイルランドにおける私的所有地へのアクセス手段も概観する。また、第3章以降の分析の主な舞台となる地域の地理的・歴史的概況についても述べていきたい。

　まずアイルランドの農村について述べていこう。アイルランドの総人口は2011年現在で約459万人であるが、そのうち38%の人々が農村地域に居住している。また、アイルランドの人口密度は1km^{2}あたり67人だが、農村地域ではこれが26人となる（Central Statistics Office 2012a）。2010年現在、アイルランドの農地面積は約500万haであり、国土のおよそ71.5%を占めている。この国土面積に占める農地の割合はEU27カ国中最上位であるが、他方で森林の占める割合は約11%と少なく、EUの中でも最低レベルである。そして、アイルランドの農地の77.8%は、牛や羊といった家畜のための牧草地や放牧地として利用されている。また、国内に約14万軒存在する農場のうち99.8%が家族経営であり、農場の平均面積は32.7haである。そして、4分の3の農地ではその土地を実際に所有する人々によって農業が営まれて

写真 1-1　第 3 章以降の舞台となる地域も、アイルランドの典型的な沿岸丘陵地帯である。丘陵の低地部分には、いくつもの小規模な牧草地が広がり、家屋が点在する。対照的に、丘陵の高地部分は開放的な地形となっている。

おり、また農場所有者のおよそ88%は男性である（Central Statistics Office 2012b）。

　なお、このようなアイルランド農村の諸特徴が成立したのは、19世紀後半のイギリス植民地下でのことであった。18世紀まで、アイルランドの農民の多くはイギリス人を中心とした地主のもとで小作経営をおこなっており、主に穀物とジャガイモを栽培し、その土地は子息の間で分割相続されていた。しかし、19世紀初頭の経済状況の変化によって、そのような農村構造は、徐々に牛や羊による牧畜経営と男系一子の土地相続へと取って代わられていった。そして、19世紀半ばにアイルランド全土で発生したジャガイモの胴枯れ病による大飢饉が、この構造変化を決定的なものにした。また、この大飢饉とその後の新大陸への大量移民によって、それまでアイルランドに多数存在していた土地を持たない農業労働者は激減した。他方で、残された小・中規模の小作農たちは、19世紀後半の農産物価格の下落を契機に、それまで支配階級であった地主層に対して「土地戦争」と呼ばれる政治闘争を展開した。そして、最終的にこの闘争に勝利した小作農たちは、19世紀末から20世紀初頭にかけての一連の土地改革によって、近世以来奪われていた土地の所有権を取り戻し、自作農化していった。このような歴史的過程の結果、牧畜を中心とした自作で男系一子相続の家族農場という、現在まで続くアイルランド農村の原型が生まれたのである（Breen et al. 1990）。

　そして、このようなアイルランドの農村構造は、1922年のアイルランド共和国独立を経て1950年代頃までは比較的安定していた。この時代の農家の多くは牛を中心としつつも、穀物・羊・豚・家禽なども組み合わせた複合的経営をおこなっており、土地条件が悪く小規模農家の多い北・西部地域では自給的な要素も強かった。しかし、1940年代後半からは農村女性の他出が増えるようになり、これ以降アイルランドの農業人口は減少し始める（Hannan and Breen 1987）。さらに、1960年代以降アイルランド社会の産業化が進行していくと、農業を離れた人々の多くは都市へと移住するかそこに働きに出るようになった。その結果、1920年代には農業者は労働人口の約半分を占めていたが、1960年代になると3分の1、1990年代半ばには8分の1にまでその数が減少し、2010年では7.7%である[1]。また、農業セク

ターのGDPに占める割合も、1960年初頭はおよそ4分の1であったが、1990年代半ばには10分の1にまで落ち、2010年には2.5%となっている。さらに、近年では農業人口の高齢化が進んでおり、2010年には農場所有者の51.4%が55歳以上となり、65歳以上も全体の4分の1を占めるようになった。他方で、農家の子息たちは、農業で生きていくのではなく他産業へ就く機会を広げようと、ますます教育や学歴を重視するようになっている（Share et al. 2007）。

また、農業や農村をめぐる様々な政策によって、農家経営の内実も20世紀前半の時点からは大きく変化していった。まず、1960年代から1980年代にかけて実施された農業政策においては、化学化や機械化による高インプット／高アウトプット型の近代農業への転換が奨励された。その結果、例えばかつては農家内の循環で賄われていた肥料や種子が外部から購入されるものへと変わり、また農家内労働力によってなされていた作業の多くが大型機械やその操作を専門とする人々よって処理されるようになっていった。このような変化は、農業に関する技術や知識を企業や政府機関などの外部アクターに依存するようになることを意味しており、それまで彼らが培ってきたローカルノレッジが失われていった。これに加えて、次第に食料サプライチェーンへの従属化が進み、農家は経営の自律性も失っていった。そして、このサプライチェーン内で主導権を握っている食料産業界のコスト削減方針により、農業全体が経済的に厳しい環境に置かれるようになっていったのである（Commins 1986）。

また、このように高コストな近代農業に完全についていけたのは、農地の面積や肥沃さなどの経営基盤において恵まれていた、南・東部地域を中心とした大規模農家のみであった。他方で、そのような近代化についていけない北・西部地域を中心とした小規模農家は、農業以外の仕事との兼業によって収入の安定を確保するようになり、アイルランド農業の二極化が進んでいった。さらに、このような近代化に伴って、それまでの比較的小規模で複合的

---

1) 1970年代までは、農業人口減の中心を占めていたのは農業労働者や家族内従事者であった。だが、1980年代からは農場経営者自体の数も減少していった。

な経営形態から、規模を拡大して少数の家畜や穀物に特化した経営形態への変化が全国的に起こった。例えば、1973年の時点で3分の2の農家がおこなっていた酪農は、2000年代にはその数が3分の1に減る一方、飼育される牛の頭数は3倍近くに増えている。ただ、このような経営の特化も、その方向性には二極化の傾向があった。すなわち、近代農業に適応できた農家の多い南・東部地域では集約的で利益率の高い酪農や穀物が経営の主流となり、そこからこぼれ落ちた農家の多い北・西部地域では粗放的で利益率の低い羊および牛の飼育が主流となったのである（Share et al. 2007）。

　これに加えて、アイルランドが1973年に加盟したEU（当時はEEC）も、その共通農業政策（Common Agricultural Policy）を通じて、アイルランドの農村に大きな影響を与えた。例えば、加盟当初おこなわれていた価格支持政策はアイルランド農家の経済的安定に一役買ったが、その恩恵は平等なものではなく、牛乳を中心とした大規模経営品目が優遇されていた。また、EUの構造調整政策は、近代化の見込みのある農家や地域に対して経営改善への支援をおこなう一方、経営基盤が十分でない農家や地域には所得補償で応じ、しかもその補償額は家畜の保有頭数に基づくものであった。このようなEUの政策の結果、アイルランドにおける農家の二極化はさらに進行していった（Commins 1995）。そして現在では、この二極化はより極端なものになっており、十分な利益の上がる農業を展開できるのは南・東部地域の中でも一部の大規模農家に限られており、残りの大多数の農家は兼業や補助金に頼った経営をおこなっている（Crowley et al. 2008）[2]。

　他方で、1980年代半ば以降のEUの共通農業政策は、それまでの生産主義的・保護主義的な方向性から、環境への配慮や自由貿易市場を射程に入れた方向性へとシフトしていった。例えば環境面については、アイルランドでも1994年から環境保全型農業に対する支払い制度が開始され、また1990年代を通じて環境保全地域の指定が進んでいった。そして、このような政策

---

[2]　例えば、2001年から2005年の間に農家へ直接支払された補助金の額は、平均農家収入の約80％に上っている（Feehan and O'Connor 2009）。また、2010年の段階で農業を唯一の職業と見なしている人々は、農業人口の半数程度となっている（Central Statistics Office 2012b）。

シフトに伴って、それまでの近代化政策についていけず周縁化していた小規模農家は、農業および農村が生みだす「公益的機能」の担い手として新たに位置づけ直されていった。また、そのような動きと並行して、これまでの政策における農業セクターへの偏重が是正され、地域を基盤にしつつより多様なセクターも巻き込むかたちでの「農村振興（rural development）」が目指されるようになっていった。しかしながら、これらの政策シフトはアイルランド農業における従来の構造的な二重性を変化させるものではなく、競争力を高めていく一部の商業的農家と、「公益的機能」を提供しつつ経営の多様化を進めていくそれ以外の残余的農家というかたちに微修正された二極を現在も再生産している。そして、後者に属する多数の農民たちは、農産物の生産者としてではなく、自然環境の保全や観光・レクリエーション開発の担い手としての役割をますますあてがわれるようになっているのである。

2 農村アクセスの隆盛──1980年代以降

　次章でも詳しく検討するが、前節の終わりで述べたような農村をめぐる政策シフトと並行するように、アイルランドでは1980年代から1990年代にかけて、農村に対してアメニティや環境といった非農業的な需要を有する人々の発言力が増していったと言われている。かつてアイルランドでは、農民が農地の使われ方について優先的な決定権を持つということが当然視されていた。だが、農業の産業的凋落と共にこのような理念は揺らいできており、その傾向は小規模農民の多く住む北・西部地域において顕著となっている（Tovey 1994）。このような傾向に加えて、アイルランドでは1994年から約12年間にわたって「ケルティック・タイガー（Celtic Tiger）」と呼ばれる空前の好景気が到来した。そして、この好景気によって経済的安定を達成した多くの人々が、より良い居住環境を求めて都市通勤圏内の農村地域へと移住したため、都市近郊の農村周辺では大量の宅地開発がおこなわれることとなった。このような移住者の流入による住民の社会的構成の変化も、農村における農民の影響力の低下につながったという（Tovey 2008）。

そして、先述のようなここ30年ほどのアイルランド農村をめぐる環境変化の中で、レクリエーションのために農村地域へと赴く人々の数も増加していったと言われている。とりわけ1990年代からのケルティック・タイガーによって、アイルランドの人々は余暇活動や健康増進に金銭や時間を費やす余裕を初めて大幅に持てるようになった。そのため、公式の統計は存在しないものの、この好景気を通じて農村のレクリエーション利用者の数は大幅に増加したと考えられている（Buckley et al. 2009a）。例えば、本書の研究対象である、山歩きを中心とした農村でのウォーキング活動に関して言えば、その従事者の全国団体であるMountaineering Ireland（MI）は、1976年の時点ではそこに加盟するクラブの数が17であったが、1990年には約40となった（O'Leary 2015）。そして、好景気初期の1996年にはMIは66のクラブと220人の個人メンバーから成っていたが、2002年には103のクラブと855人の個人メンバー、そして好景気後の2010年にはその数は145のクラブと1,300人の個人メンバーにまで増大している[3]。

しかし、そのような農村におけるレクリエーション活動の伸長と並行するように、アイルランドでは、レクリエーション利用者と土地所有者、とりわけ丘陵地で山歩きをおこなうウォーカーとその土地を所有する農民との間の対立的状況が顕在化していった。そして時にその対立は、それまで可能だった風光明媚な丘陵地へのアクセスが、土地所有者の農民によってブロックされるという事態ももたらした。アクセスをブロックする方法は、農民が直接ウォーカーを追い返したり、農地の入り口などに「私有地」あるいは「侵入禁止」といった看板を取り付けたりと、様々である。しかしいずれにせよ、アイルランドでは現在までレクリエーション利用者のための私的所有地への包括的なアクセスの権利が存在していないため、このようなブロックは基本的には土地所有者の私的所有権の範囲内にある。ただ、これまでその土地に自由にアクセスしてレクリエーションを楽しんできた人々にとっては、そのようなブロックは憂慮すべき事態であった。そして、農村のレクリエーション利用の増加と比例するように、このような私的所有地へのアクセスのブロックに対する世間の注目度も増していき、特に1990年代以降はテレビや新聞などのメディアで取り上げられる機会が多くなった。このような過程を

写真 1-2　立ち入り禁止の看板が取り付けられた農地のゲート。深刻なアクセス問題を経験した筆者のフィールドワーク地域では、このような農地がいくつも存在している。

経て、農村アクセス問題はひとつの社会問題として、アイルランドの人々に認識されるようになったのである。

　しかし、以下に述べる主に3つの社会的環境により、アイルランドにおいては私的所有地、とりわけ農地上でのレクリエーションのための、包括的かつ法的なアクセスの権利を公衆に与えるという処置は容易ではない。第一に、前節でも述べたように19世紀に土地戦争という特異な歴史を経験したアイルランド社会では、現在でも多くの人々が土地所有権に対して強い執着

---

3) もっとも、農村でウォーキング活動をおこなう人々の多くは、クラブやMIなどの団体には所属していない。しかし、このような人々について得られる情報はそれほど多くはない。例えば、2002年に実施されたウォーキング活動についての標本調査では、74.3%の人々が過去3カ月にウォーキング活動に従事したと回答しており、全国に換算するとこれは224万人に相当する。また、従事者は高学歴・専門職・女性の割合が多く、従事時間は1時間以内が63.7%、1～4時間が16.7%、4時間以上は1%以下であった。なお、1時間以内と答えた人々の45%が農村地域でウォーキング活動をおこない、そのうち39.3%がそれは公道以外の場所であったと回答している。また、1～4時間では50%が農村地域、うち公道以外が41.6%であり、クラブのメンバーとともに歩いた人々は2%のみであった。他方で、4時間以上のウォーキング活動への従事は男性のほうが多く、かつ農村においてグループによってなされることが多い。また、そのうち20～25%はガイド付きのウォークであった（Curtis and Williams 2004）。

　あるいは、1997年に南北アイルランド15箇所の丘陵地帯で実施されたウォーカーへのアンケート調査では、回答者525人のうち74%がアイルランド人で、その73%が都市住民であった。また、このアイルランド人のうち、60%が月1回以上丘陵地を訪れ、70%以上がウォーキング活動をおこなっているが、登山クラブなどの団体に属しているのは22%のみであった。なお、従事者は高学歴・専門職・中年男性が多く、従事時間は3時間以上が約90%であった（Bergin and O'Rathaille 1999）。

　また、観光局のデータでは、例えば2009年には海外からの旅行者のうち約83万人が「ハイキング／クロスカントリーウォーキング」に従事しており、その内訳（複数回答可）は、36%が「道路歩き」、52%が「小道歩き」、39%が「クロスカントリーウォーク」、33%が「山歩き」、18%が「標識道」、9%が「環状歩行道」、10%が「その他」となっている（Failte Ireland 2010a）。なお、ウォーキング活動に従事する海外からの旅行者は、1993年から2003年までは減少傾向にあったが（Tourism Policy Review Group 2003）、その後は増加傾向に転じ、特に観光局が積極的にプロモーションをおこなうようになった2000年代後半以降には著しい増大が見られる。また、2009年になされた約830万件の国内旅行のうち、21%が「ハイキング／ウォーキング」に従事しているが（Failte Ireland 2010b）、この割合も2000年代後半から増加傾向にある。

45

心を持っているとされる。なかでも小規模農民たちは自らの所有する農地に強い愛着を抱いていると言われており、実際彼らは農業収入が十分でなくとも補助金や兼業などで補填することによって農地の売却を極力回避してきた。このため、アイルランドでは市場で取引される農地の数は現在でも非常に少なく、相続による土地移動がほとんどである。また、もはや自らを農民と見なさなくなった人々も、土地は売らずに所有し続けるという場合も少なくない。E. Crowleyによれば、このような農民たちの行為は、「比較的最近のポスト植民地社会における土地所有に由来するプライド」によるものであるという（Crowley 2006）。これに加えて、そのような小規模自作農は、国家の歴史を反映する文化的意義を持った集団として、政府からも比較的好意的な扱いを受ける傾向にあるという。そして、アイルランドの農民団体も、農業の産業的凋落にもかかわらず、その動員力や集票力によって、現在に至るまでアイルランドの政治に強い影響力を保持している（Hannan and Commins 1992）。

　第二に、先述のような歴史的経緯のため、例えばイングランドの農村アクセス問題においてしばしば用いられたような、「力を持たない人々が土地から排除されている」というアクセスの道徳的正当化（Shoard 1999）は、アイルランドでは必ずしも受け入れられる素地を有していない。また、構造的に見てもアイルランドの農家は南・東部地域を中心とする集約型、北・西部地域を中心とする粗放型のいずれにおいても、家族経営がほとんどである。つまり、アイルランドにはアメリカ合衆国やブリテン島で見られるような大規模農業経営や大土地所有者はほとんど存在しない[4]。このことをめぐってK. Miltonは、同様の歴史的経緯を持つ北アイルランドについて論じながら、アイルランド島の農村アクセス問題は、イングランドのように土地という資本を所有する支配階級とそれを所有しない大衆の間の階級対立という構図ではとらえることができないと述べている（Milton 1997）。そして、そのよう

4）　先述のように2010年時点でアイルランドにおける農場の平均面積は32.7haであるが、42％以上の農場が20ha以下であり、100haを超す農場は全体の3％しか存在しない。また北・西部地域に限ると農場の平均面積は27.3haであり、20ha以下の農場の6割以上がこの地域に存在する（Central Statistics Office 2012b）。

なアクセス問題をめぐる道徳化の困難は近年さらに進行してきている。すなわち、先述のように農民の中でもレクリエーションのような非農業的要求にますますさらされているのは、より経済的に困難な粗放型の小規模農家であり、他方で彼らの所有する土地にますますアクセスをおこなうようになっているのは、近年の好景気などによって富を得てきた人々なのである。

　そして第三に、アイルランドにおいては、例えば北欧諸国のように「公衆の伝統的権利」として農村アクセスを捉えるための確固たる基盤が存在していない[5]。先述のように、アイルランドにおける農村のレクリエーション利用者は、ここ30年ほどの間で急激に増加したと考えられている。ただ、次章でも述べるように、アイルランドではそれまで農村における私的所有地のレクリエーション利用の歴史が皆無だったわけではない。そのため、農民によるアクセスのブロックは、「これまで自由にアクセスできていた場所が失われた」という感覚を人々の間に少なからず生じさせた。しかし、近年のように利用が拡大する以前には、農村で山歩きなどのレクリエーションに従事していたのは少数の人々のみであった。そのため、ひろく公衆にアクセスの権利が存在しているのか、存在するならばそれはどのようなものかといった事柄については、関係者の間でもはっきりとした社会的了解や合意が形成されていないのである。

　以上のような社会的環境を有するアイルランドにおいては、アクセスをめぐって農民が保持している権利に制限をかけるような処置は、きわめてハードルが高い。実際アイルランド政府は、公衆アクセス権の包括的な法制化については現在まで否定的な立場を崩しておらず、私的所有地へのアクセスは土地所有者の許可に基づいて促進されるべきとしてきた[6]。そのため、イングランドに類似した公衆のアクセス権を設定しようという法案が、2007年と2013年の2度にわたり、主に都市住民を支持基盤とする少数政党の労働党によって作成されたが[7]、アイルランドの二大政党であるフィアナ・フォイルとフィネ・ゲールの反応は冷淡なもので、結局いずれの法案も国会での

---

5)　北欧の「万人権」の背景にあるものについては、例えばHammitt et al.（1992）を参照のこと。

実質的な審議入りには至らなかった。しかし同時に、公衆のレクリエーション利用を受ける土地所有者に補償金を支払うといった処置についても、政府は否定的な立場を取ってきた。そして、これらの方策に代えて政府は、農村レクリエーションに関する全国的な利害関係団体を集めた Comhairle na Tuaithe（CNT）と呼ばれる委員会を 2004 年に設置した。すなわち、政府はアクセスをめぐる法的権利の設定でも土地所有者への金銭補償でもなく、関係者の対話を通じた問題の解決を模索してきたのである。

　この CNT は農民団体、レクリエーション団体、観光団体、政府の諸機関など 23 の団体（2014 年現在）によって構成されており、少なくとも年に 4 回の会合をおこなうこととなっている。CNT の主な議論事項は、「カントリーサイドへのアクセス」、「カントリーサイドコードの発展」、「カントリーサイドレクリエーション戦略の発展」の 3 つであり、発足から 2 年後の 2006 年には、議論のベースラインとなる「全国カントリーサイドレクリエーション戦略（National Countryside Recreation Strategy）」が発表された[8]。この文書においては、「カントリーサイドへのアクセスは相互尊重に基づかねばならない」とされ、「土地へのアクセスをめぐる農民および土地所有者の権利の受諾」や「レクリエーション利用者のカントリーサイドや丘陵地への

---

6) 例えば、アイルランドにおいて農村アクセス問題にもっとも積極的に取り組んだ政治家である Éamon Ó Cuív は、この問題を担当する「コミュニティ・農村・ゲール語地域担当省」（当時）の大臣在任中、「合意アプローチこそがカントリーサイドレクリエーションを前進させる道であるというのが私の常なる見解」と国会答弁において述べている（http://oireachtasdebates.oireachtas.ie/debates%20authoring/debateswebpack.nsf/takes/dail2007120500029?opendocument&highlight=%22access%20to%20the%20countryside%22　2017 年 7 月 31 日アクセス）。

7) 2007 年の法案は、海抜 150m 以上の土地と開放的で耕作されていない土地を「アクセスランド」として宣言する権限を自治体に与え、それを通じて公衆にはその土地への法的なアクセス権が与えられるというものであった。また、そのようなアクセスランドへと至る道についても、それが通る土地の所有者との合意の後に、「アクセスルート」としてそこへのアクセスの権利が公衆に与えられるとされている。なお、2013 年の法案ではこのアクセスランドの範囲が広がり、海抜 200m 以上の土地、開放的で耕作されていない土地、川や運河の周辺 5m 以内の土地、恒久的な湖の周辺 5 メートル以内の土地、高潮点から 10m 以内の土地、廃線やそれに付随する土地がそこに含まれるとされている。

リーズナブルなアクセスの必要性の受諾」といった事柄がCNTの参加者によって合意されている。しかしながら、その後も土地所有者によるアクセスのブロックは散発的に発生しており、社会問題としての農村アクセス問題が収束したというわけではない。それどころか、このCNTは設置された2004年から現在に至るまで10年以上の歳月を様々な議論に費やしてきたものの、いまだ農村アクセス問題についての包括的な対処策を作り出せてはおらず、近年ではCNTの議論や活動は停滞傾向が続いている状態にある。

3　アイルランドにおける私的所有地へのアクセス手段

　ただ、アイルランドにおいては公衆の私的所有地へのアクセスを確保する手段がまったく存在していないわけではない。以下では、特に徒歩によるアクセスのためのそのような手段について、法的なものとそれ以外のものに分けて記述する。

　現在までのところ、アイルランドにおいて他者によって私的所有されている土地を歩く唯一の法的手段は、コモンローに基づく「公衆の歩く権利（public rights of way）」である。これは、特定の私的所有地上を通行するために公衆に与えられる道の権利であり、この歩く権利がいったん成立すると、行政による正式な手続きに基づいてその権利を消滅させない限りは、その土地を所有する者は将来にわたって公衆がその道を通行することを妨げることはできない。ただし、土地所有者にその道の修理や維持をおこなう義務はないとされている（Bland 2009）。

　この歩く権利は、基本的には土地所有者からの提供に基づいて設定される。

---

8)　CNTにおいては、「カントリーサイドレクリエーション」とは「カントリーサイドの資源の利用をベースにした、スポーツ・レクリエーション・観光的な楽しみであり、健康的で活動的なライフスタイルに寄与するもの」と定義され、「カントリーサイドという言葉は土地、水、空気を含む」とされている。なお、本書で用いる「農村アクセス問題」とは、このうち特に土地のレクリエーション利用をめぐる問題を指している。

ただ、それは現行の所有者の明白な提供のみならず、公衆の継続的利用やその道に対する行政の支出などから過去の所有者による提供を歴史的に推定するという方法によっても設定することができる。しかし、アイルランドにおいては、例えばイングランドの歩く権利法のような、一定の期間公衆によって利用されていれば歩く権利の成立を認めるとする法制は存在していない。そのため、過去に土地所有者がこの権利を提供したという推定が成立するか否かについては、様々な歴史的資料を駆使しながら司法の場で逐一判断されることになる。しかし、そのような推定が成立するためどのような証拠が必要かという点に関しては、司法の判断は必ずしも一貫していない。加えて、そのような証拠の検討は長期間にわたり、きわめて煩雑なものである。この公衆の歩く権利をめぐっては、首都ダブリンに隣接するウィックロウ県において、近年レクリエーション利用者と土地所有者がその存在をめぐって争う2件の裁判が起きた[9]、これはアイルランドにおいて私有地上のレクリエーションをめぐって公衆の歩く権利の存在が問われた初のケースであったが、先述のような証拠審査の後、いずれにおいても公衆の歩く権利は存在しないとの判決が下されている。

　また、このような司法による設定のほかに、地方自治体が6年ごとに地域開発計画を策定する際に、管轄地域内に存在する公衆の歩く権利のリストと地図を作製することによって、この権利を保護したり、新たに創出したりすることも可能である。しかし、多くの自治体は、土地所有者への配慮から、積極的に公衆の歩く権利を地域開発計画の中に登録すること対して二の足を踏んでいる。実際、そのような試みをおこなった自治体においては、これまで折に触れて土地所有者からの激しい反発が巻き起こってきた[10]。なお、2010年にプラニングおよび開発法（Planning and Development Act）が改定

---

9) これらは訴訟としては分かれているが問題としては一続きのものである。具体的には、2002年に出版されたウォーキングガイドブックにおいて、自身の所有する土地に公衆の歩く権利があると記述されたことに抗議する土地所有者2人と、ガイドブックの出版に関わったウォーカーたちの間の係争であった。これらの判決の詳細については、*Collen v Petters* [2007] 1 I.R. 791. および *Walker v Leonach* [2012] IEHC 24. を参照のこと。

され、地域開発計画策定の際に公衆の歩く権利を保護することが自治体に義務づけられたが、各自治体の実際の実施状況については現在のところ不明である。

　以上のように、司法経由であれ、自治体経由であれ、公衆の歩く権利によるアクセスの確保は、アイルランドにおいてはきわめてハードルが高い手段となっている。そのため、私的所有地上での公衆のレクリエーションに資するような歩く権利のネットワークは、アイルランドにはほとんど存在していない。これに加えて、このような公衆の歩く権利はあくまで線的な通行権に過ぎず、私的所有地上を公衆が「歩き回る権利（right to roam）」は、アイルランドの現行法の中には存在していない[11]。

　他方で、アイルランドにおいては、レクリエーション目的で私的所有地を歩くことを融通するための、主に政府によって作られた複数の制度から成るシステムが存在している。このシステムの中心を構成しているのは、スポーツ庁所管の「全国標識道（National Waymarked Ways）」と、観光庁所管の「環状歩行道（Looped Walks）」という2つの歩行用トレイルである[12]。前者の全国標識道は、経験を積んだウォーカー向けの長距離直線トレイルであり、1982年の「ウィックロウ道（Wicklow Way）」を皮切りに全国で設置さ

---

10) 例えば、ウィックロウ県では県議会が公衆の歩く権利のリストを作成しようとしたが、土地所有者らの反発によって断念に追い込まれた（Irish Times 紙、2004年7月13日付記事）。あるいはスライゴー県では、公衆の歩く権利があるとされた土地の所有者が、そのような権利は存在しないと主張して、県との訴訟にまで発展した（Irish Times 紙、2009年5月12日付記事）。
11) もっとも、地域の慣習的権利としてであれば、私的所有地上を歩き回る権利が裁判所によって認められた例が過去に存在する（Abercromby v Town Commissioners of Fermoy［1900］1 I.R. 302.）。ただ、これは特定の地域の住民に限られた権利とされており、広く公衆が歩き回ることを認めた判決ではない（Bland 2009）。
12) この他にも、相対的な数は少ないが同様の仕組みを持ったトレイルとして、遺産庁所管の「巡礼の小道（Pilgrimage Path）」や、交通省所管で主にサイクリング用の「緑の道（Greenway）」なども存在する。なお、2016年7月7日の国会答弁によれば、この時点でアイルランドにはこのような公式のトレイルが880以上設置されているという（http://oireachtasdebates.oireachtas.ie/debates%20authoring/debateswebpack.nsf/takes/dail2016070700073?opendocument&highlight=%22irish%20trails%20register%22 2017年7月31日アクセス）。

れ、2017年現在その総数は45、トレイルの総延長は4,000km以上となっている。後者の環状歩行道のほうは、よりカジュアルなウォーカーに向けて2007年から設置されてきたトレイルで、その数は数百以上に及んでいる。なお、こちらのトレイルは距離が短く、形状もループになっているため、数時間うちに出発点まで戻ってくることが可能である。

　そして、これらのトレイルは主に自治体や政府機関や地元組織によって、トレイルが通る全土地の所有者にアクセスの許可を取りつけたうえで設置され、スポーツ庁所管の「全国トレイル事務局（National Trails Office）」の査定によって必要な基準を満たしていると判断された後、正式に認可・登録となる。ただ、これらのトレイルへのアクセスは法的な裏付けを持っていない。そのため、トレイルが通る土地の所有者は、たとえトレイルが設置された後であろうと、いつでもアクセスの許可を取り消すことが可能である。このようなアクセスをめぐる不安定さや交渉の煩雑さもあって、これらのトレイルの多くの部分は、公道や公有地、あるいは政府機関の所有する土地を通っているという（Van Rensburg et al. 2006）。また、これらはトレイルという性質上、線的に歩かれることが想定されており、その土地の上を「歩き回る」ようなレクリエーション形態は基本的には考慮に入れられていない。

　また、2009年から政府は新たに「山岳アクセススキーム（Mountain Access Scheme）」と呼ばれる制度を、ゴールウェイ県のビン・シュレベとケリー県のカラウントゥーヒルという2箇所の丘陵地帯を対象に開始している。これは、主に低地に設置される先述のトレイルとは異なり「山歩き」に特化した制度であり、関係する土地所有者全員の合意のもとで、丘陵地へアクセスするためのルートを整備するというスキームである。ただ、このスキームは現在でもパイロット段階にあるうえ、そのようなアクセスルートを経て丘陵の高地に至った後、開放的な地形をもつアイルランドの高地上を自由に「歩き回る」という、山歩きを好むウォーカーならば通常おこなうであろう行為をいかに扱うべきかについては明確に規定されていない。

　さらに、2008年に政府は「歩行道スキーム（Walks Scheme）」という農村アクセスに関する金銭支払い制度を創設し、複数の地域へと順次導入していった。この歩行道スキームは、公衆のアクセスを融通した土地所有者に対

図 1-1　全国標識道の分布図：全国トレイル事務局のホームページより
(http://www.irishtrails.ie/National_Waymarked_Trails/ 2017 年 7 月 31 日アクセス)

し、直接的な補償以外のかたちで金銭的利益の機会を与えるため作られた制度である。具体的には、対象地域内の全国標識道や環状歩行道といった公式のトレイルに対して、それらのトレイルが通る土地の所有者が作業計画に基づいて開発・維持・増進などの作業をおこなった場合に、年間の作業時間をもとに金銭報酬が支払われるというものである。このスキームの契約期間は 5 年であり、途中で離脱する際には 6 か月前の予告が必要となる。なお、2010 年の時点で、この制度は全国 12 か所の地域に導入されており、それら

の地域内に存在する合計40のトレイルがカバーされている。また、このスキームに参加している土地所有者は1,804人となっている。

なお、この歩行道スキームと同時に、「農村レクリエーション担当官（Rural Recreation Officer）」という専門の役職も創設され、スキームの実施や関連する土地所有者との連絡・交渉を担うこととなった。2017年現在、合計12人の担当官が歩行道スキームの対象地域ごとに配置されており、彼らは管轄地域内での歩行道スキームの監督のほかに、CNTの「全国カントリーサイドレクリエーション戦略」の実施や、地域内における新たなトレイルの開発支援や宣伝などにも携わっている。

以上のように、アイルランドでは農村アクセスの供給に関しては、法的な権利の設定に依拠するよりも、関連する土地所有者との合意によって達成していくことが目指されており、そのための様々な制度から成るシステムも存在している。ただ、主に行政主導で作られた、公衆のレクリエーションアクセスを融通するためのこのようなシステムがカバーしているのは、特定の地域やトレイルのみである。しかし、アイルランドにおいてウォーカーがレクリエーションのため利用している私的所有地は、それらの地点以外にも相当数存在している。つまり、このようなシステムを通じた農村アクセス問題への対処は、現在までのところパッチワーク的なものにとどまっており、ウォーカーによってアクセスされるもののそのようなシステムが成立していない空白地帯が、依然としてアイルランドのあちらこちらに存在しているのである。

4 本書の研究方法とフィールドワーク地域の概況

本書では、先述のようなアイルランドをフィールドとして、農村アクセスをめぐって実際の現場の人々、とりわけ農民とウォーカーがいかなる実践をおこなってきたのかについて検討をおこなっていく。まず、第2章においては農村アクセス問題の歴史的な側面を取り上げ、文書資料の分析と関係者への聞き取りに基づいた考察をおこなう。そして、その後の第3章から第5

章においては、農村アクセス問題が深刻化しているひとつの地域をとりあげ、そこにおける集中的なフィールドワークから得られた知見に基づいた考察をおこなう。本書が依拠するデータは 2008 年 9 月から 2014 年 8 月までの期間に収集されたものであり[13]、農村アクセス関係の文書資料、全国および地域レベルの関係者への聞き取り、そして様々なアクターの活動に対する参与観察の記録といった質的データから構成されている。なお、第 2 章以降の記述で登場するすべての人名と一部の地名は仮名となっている。

また、先述のように第 3 章から第 5 章では一地域での集中的なフィールドワークに基づいた考察をおこなうが、以降の紙幅の関係上、この地域の概況についてもここで述べておきたい。アイルランドには農村アクセス問題に関する正確な統計があるわけではなく、実際に問題が起きている場所を特定していくのは容易な作業ではない。ただ、より経済的に貧しく、景勝地の多い西のほうの地域で起きることが多いと一般には言われている[14]。この点とアクセス問題の実際の発生状況を鑑みて、本書ではアイルランド北西部のとある丘陵地帯を主要なフィールドワーク地域として選択した。

この丘陵地帯は 2 つの県（county）にまたがっており、全体としては南北に約 10km、東西には約 15km に及ぶ広大な面積を有している。丘陵は主に石灰岩質で形成されており、標高は最も高いところで 647m であるが、氷河によって削られたいくつもの険しい谷が縦横に走っている。そして、丘陵の谷筋や周辺に沿うようにして、複数の都市・町・村落が点在している。丘陵の土地のほとんどの部分は、近隣の諸村落に住む農民たちによって所有されている農地であり、いくつもの私有地および共有地から構成されている。農民たちはこの丘陵地を主に羊の放牧地として利用しているが、一部では泥炭も採取されている。なお、この地域の地質は全般的に水はけが悪いとされ、

---

13) 本書の調査研究のためアイルランドに滞在した期間は、延べ 3 年 4 カ月である。
14) ウォーカーの全国団体 MI は、2006 年にメンバーに対してアクセス問題に関する調査を行っており、それによると過去 12 カ月でメンバーがアクセス問題に遭遇した地域の分布（複数回答可）は、東部地域 25％、中部地域 4％、南東部地域 10％、南西部地域 37％、西部地域 18％、北西部地域 18％、北東部地域 4％となっている。なお、東部地域の割合の多さは首都ダブリンの人口の多さに由来すると考えられる。

また各農地の面積も数十エーカー程度でそれほど大きくはない。そのため、一部の農民はより広大で肥沃な農地の多い沿岸部や中部地域などに借地をして、そこにも車で通いながら農業経営をおこなっている。あるいは、この丘陵地帯に暮らす少なくない数の農民が、近隣の都市や町でサービス業や建設業などの農業以外の仕事にも従事する兼業農家であると言われる。

　現在この地域のほとんどの農家では、羊の専業あるいはそれに哺乳用牛の飼育を組み合わせたかたちでの農業経営がなされている。ただ、この地域においてそのような経営形態が主流になったのはそれほど古いことではない。というのも1960年代頃まで、この地域の多くの人々は数頭の乳牛による酪農を中心とし、これに数十頭の羊を加えたかたちの農業経営をおこなっていたのである。また、乳牛や羊以外にも、鶏を飼育したり家屋近くではジャガイモや野菜を育てたりするなど、複合的で自給的な経営形態が取られていた。だが、1970年代頃から牛乳の値段が下がっていき、また同時にアイルランドの産業化に伴って多くの農民が近くの都市や町に働きに出るようになっていった。そのため、手間がかかるわりに儲けの少ない乳牛や自給的な複合経営は減少し、農民たちは羊を中心とした専業的な農業経営へと転換していった。他方で、農外収入で得た現金や、アイルランドが1973年に加盟したEU（当時はEEC）からの補助金のおかげで、飼育設備や人工飼料などを購入することができるようになり、羊の飼育頭数を数百頭にまで増やせるようになった。またこの時期には農作業の機械化や近代化が進み、農道や土地境界フェンスの設置、農地の排水や灌木除去、牧草の植え替えや化学肥料の散布といった、大がかりな土地改良もおこなえるようになった。

　その後、1980年代以降のEUの共通農業政策の転換に伴って、1994年からは環境保全型農業に対する支払い制度もこの地域に導入された。これは農家ごとに環境計画を作り、それに基づいた農業経営をおこなうことで補助金が支給されるという制度である。この支払い制度は内容や名称を変えながらも現在まで継続されており、この地域では多くの農民が加入し、生活を支える重要な補助金となってきた。その一方で、年々強まってきている農業や環境に対する規制について不満を抱いている農民も少なからずおり、農民が自律してこの地域で暮らし続けていけるような支援策が望まれている。

以上のように多くの農民によって所有され、農地として使用されている一方で、この丘陵地帯は周辺あるいは遠方から訪れる個人またはクラブなどの団体によって、レクリエーションのための山歩きの場としても利用されてきた。そのようなレクリエーション利用の歴史自体はそれなりに長く、1939年に出版された登山ガイドブックにもこの丘陵地帯のいくつかの山々が紹介されている。ただ、この丘陵周辺に住む人々にとっては、ごく近年になるまで山歩きはポピュラーなレクリエーションではなかった。この地域で初めて登山クラブが設立されたのは1972年、地域最大の都市ノースポートにおいてであったが、その後1980年代後半になってもこの地域で山歩きをする人は少数にとどまっていたという。

　だが、そのような状況はアイルランドが未曾有の好景気を迎えた1990年代に入ると変化していき、ここ20年ほどで山歩きを含めたウォーキング活動はこの地域でも一般的な余暇活動となっていった。そして現在では、この丘陵の周辺地域には山歩きを含むウォーキング活動をおこなっているクラブが複数存在している。その主要なものとしては、まずノースポートに本拠を置き、本書でも中心的に取り上げる登山クラブがある。このクラブは1972年の設立以来、7月と8月を除く毎週日曜にこの丘陵地帯での山歩きを中心としたウォーキング活動をおこなっている。このほか、この地域の町キャッスルタウンに本拠を置く山歩きのクラブもある。こちらのクラブは、ウォーキング活動自体は2週間に一度程度で、形式もインフォーマルなものであるが、毎年1回この丘陵地帯において山歩きのフェスティバルを主催しており、2009年にはアイルランド各地から202人の参加者を集めている。このフェスティバルは、クラブメンバーを中心としたウォーキングリーダーに先導されながらこの丘陵地帯を一日歩き、その景色を楽しむというイベントであり、イースター・ホリデーの二日間に渡って行われている[15]。

　そして、これらのウォーカーが丘陵へとアクセスする際には、特定のルートが慣習的に使用されている。この丘陵地帯にはそのようなアクセスルートが約25箇所存在しており、それらは自治体あるいは政府機関の所有する道か、近隣に住む人々によって共有されている農道か、私有地上を通る私道か、私有の農地上の道なき道である。それらの使用頻度はアクセスルートによっ

て様々であり、ほぼ毎週末使われているようなものから、年に数回しか使われないものまである。そして、このようなアクセスルートを用いて丘陵の高地部分にまで達すると、そこは開放的な地形になっているためウォーカーは自由に歩き回って景色などを楽しむことができる。なお、そのようなアクセスルートまではほとんどのウォーカーは車を用いて行き来する。基本的にアクセスルートの近辺には小規模な駐車場や数台の車が停められる大きさの路肩が存在しており、ウォーカーは慣習的にそのような場所を駐車のために使用してきた。

　なお、現在どのくらいの数のウォーカーがこの丘陵地帯を利用しているのかということについては正確に把握するすべがないが、一般にその数はここ20年ほどの間に増加したと言われている。このことは、1991年に22人だったノースポートの登山クラブの会員数が2009年には88人になっていることからもうかがえる。しかしながら、山歩きを観光の目玉とできるほどのマーケットやそのためのインフラはこの地域にいまだ成立しておらず、ノースポートにある観光案内所などでも山歩きに関する情報はほとんど得ることができない。

　他方で、この丘陵地帯はこれまで農村アクセスをめぐって激しい対立を経験してきた場所でもある。そのような対立の端緒は、1993年にキャッスルタウンに拠点を置く地域振興団体によって、この丘陵地帯の山歩きのためのガイドブックが出版されたことであった。当時この団体は、山歩きを中心に据えた観光を通じてキャッスルタウン周辺の地域経済を上向かせようと活動しており、このガイドブックの出版もその一環であった。しかし、その本の中で自分の所有する土地が山歩きルートの一部として勝手に掲載されていることに気付いた農民の一人が、抗議のためその土地へのアクセスをブロック

15）　もともとこのフェスティバルはキャッスルタウンに本拠を置いていた地域振興団体によって1994年に開始され、その後この団体から派生した、キャッスルタウン周辺の観光業者から成る組合が主催するようになった。しかし、2004年にこの組合が解散に陥ったため、主にフェスティバルを引き継ぐ目的で、それまでウォーキングリーダーを担ってきた数名の人々を中心に、2006年にこの山歩きのクラブが結成されたという経緯がある。

第 1 章 アイルランド農村という場所

写真 1-3 ウォーカーのアクセスに対してより強硬な態度を取る農民は、看板だけでなく、バリケードやロックを農地のゲートに施すこともある。

した。その後、地域振興団体側はガイドブックからそのルートを削除して謝罪したものの、その場所は以前からウォーカーが利用してきたルートであったため、その後も折に触れてウォーカーがやってくる事態が続いた。そして、そのような事態を不満に感じていたこの農民は、2000 年と 2004 年の 2 度にわたって、無断で彼の土地に入ってきたウォーカーに対して暴力事件を起こし、それらの事件は地元のメディアはもちろん、全国紙やテレビなどによってもスキャンダラスに報じられた。その結果、1990 年代以降の山歩きの広がりとも相まって、この丘陵地帯では農民によるウォーカーのアクセスのブロックが何件も発生するようになっていった。そのため、先述の暴力事件を起こした農民自身は、その後の行政による懐柔策などによってアクセスを許す立場へ転向したものの、現在でもこの丘陵地帯においては複数の農民がアクセスのブロックをおこなっている状態にある。このような経緯のため、この丘陵地帯はアイルランドのウォーカーの中でも農村アクセスに問題を抱えた地域のひとつとして知られており、地域に住む人々の農村アクセス問題についての知識も比較的高い。

　他方で、この地域には前節で述べたような公式のウォーキングトレイルは少数しか存在しておらず、また調査時点においては、存在するトレイルはすべて政府機関が所有する土地を通るものであった[16)]。これに加えて、この地域は山岳アクセススキームや歩行道スキームの対象地域にもなっていない。

　本書では、このような地域において重点的なフィールドワークを実施し、関係者へのインタビューや参与観察をおこなった。第 3 章から第 5 章においては、これらの質的データをもとにウォーカーや農民の現場での実践を分析し、両者の間の関係性について考える手がかりとする。ちなみに、農村アクセスをめぐる土地所有者とレクリエーション利用者の実証的調査としては、アイルランドも含めたいくつかの地域において、それぞれのアクターの意見や態度を主に量的な観点から調査し、それらを対比するという手法の研究がこれまでおこなわれている（Cox et al. 1996; Howley et al. 2012; Ryan and

---

16)　なお、本書の調査の後、この地域にも民間の所有する土地を通るトレイルが複数設置された。

Walker 2004)。他方で、本書のように農民やレクリエーション利用者の現場の実践についてインテンシブな質的調査をおこない、それぞれの実践が有している意味について分析を加えたうえで、両者の関係性を考えるという研究はきわめて少数である。よって、本書はそのような研究手法のギャップを埋めていくという意味でも、一定の意義を持つと考える。

　以上を踏まえて、次章からはアイルランドにおける農村アクセス問題の諸相について、具体的な分析へと入っていくことにしよう。

共有地の分割をめぐる論争の舞台となったグレナマドゥーとブナハウナをのぞむ。この問題をめぐっては、分割に賛成する農民と反対する農民の双方がウォーカーのアクセスを積極的に奨励し、アクセスの保護を求める全国団体の設立にもつながった。

第2章
農村アクセス問題の歴史的展開

1 変化を作るドライバーとしての農民に注目する

　1980年代以降の西洋各国の農村地域においては、特にイギリスを中心とした農村研究者の間で「農村の構造再編（rural restructuring）」あるいは「ポスト生産主義への移行（transition to post-productivism）」などと呼ばれている、政治的・社会的・経済的な変化が起こってきたとしばしば考えられている[1]。このような変化（本書では便宜的に「構造再編」と呼ぶことにする）の内実をめぐっては農村研究者の間でも様々な捉え方があるが、彼らの共通見解のひとつは、A. S. Matherらの指摘にもあるように、第二次世界大戦後から続く農業生産重視の路線の中に、農業あるいは農村の多機能性を考慮する政治的・社会的・経済的なシフトが生じてきたということである（Mather et al. 2006）。そして、そのようなシフトとともに、それまで強い影響力を持っていた農業セクターの力が相対的に弱まり、都市住民やニューカマーなどの非農業者から、アメニティや環境の保全、観光施設の整備などに対する需要が強まっていった。この結果、現在ではヨーロッパの少なからぬ農村地域が、農産物の生産の場であるだけでなく、非農業者による「消費」の場にもなってきている[2]。言い換えれば、農村あるいは農村における資源は、ますます「サービス」や「公共財」といった観点からまなざされるようになっているのである。

　だが、このような構造再編は、農村における様々な資源のコントロールをめぐって、多様な利害関係者の間での対立的な状況を増加させることになった。そして序章でも述べたように、19世紀から西洋社会において発生してきた農村アクセス問題は、そのような対立的状況が増加する中で加速して

---

1) このような研究群の略史については、立川（2005）を参照のこと。なお、この論文において立川は、日本においてもとりわけ1990年代以降にポスト生産主義への移行が進んできたと指摘している。
2) ただし、このような変化は通時的・共時的に見てあくまで相対的なものであり、時代の分水嶺のようなものを安易に想定することには注意が必要である（Hoggart and Paniagua 2001）。また、このような構造再編に伴う変化のあり方には地域差があるということも指摘しておかねばならない（Murdoch et al. 2003）。

写真 2-1　風光明媚な景観を持つ地域に暮らす農民は、その景観の守り手としての役割をますますあてがわれるようになっている。アイルランドにおいては、特に北・西部の小規模農民がその対象である。

いったとしばしば捉えられている。

　例えば T. Marsden は、現代農村においては「農業は、主要な土地利用者であり続けてはいるが、雇用の面ではもはや農村地域を支配しておらず、製造やサービスや観光といった他の経済的・社会的要因が、変化しつつあるレクリエーションと環境への関心のパターンとともに、農村空間に新たな需要を付加している」と述べる。そして、そのような消費関係に巻き込まれた農村における「消費の権利」をめぐる対立の例として、「オープンスペースの保存、住宅開発の制限、公衆アクセスの規制」を挙げている（Marsden 1999）。

　あるいは M. Woods は、「農村の政治（rural politics）」から「農村的なものの政治（politics of the rural）」への移行という図式で、このような構造再編に伴う変化を表現している。Woods によれば、第二次世界大戦後からの半世紀にわたる「農村の政治」の時代には、生産主義的な農業言説が農村政策を支配し、農村の利益とは農業の利益であった。また、農村をめぐる諸問題は、農村内のセクターごとに担われており、その議論の中心は領域管理や産業規制や資源分配などであった。しかし、20 世紀の終わりになるとそのような政治力学の基盤が揺らいで、環境団体や消費者団体、ミドルクラスのニューカマーなどの影響力が強まるとともに、政治現象の動員のスケールも農村地域を越えた広がりを持つようになっていった。その結果、農村をめぐる政治現象は、農村空間内に位置するか農村の問題に関係した「農村の政治」から、農村性そのものの意味や規制が議論および対立の中心となる「農村的なものの政治」へと変化し、多様な農村性に基づいた政治主張が展開されるようになったのである。そして、その中で Woods は「伝統的な農村生活様式」を守ろうとする動員の例として「歩き回る権利」への土地所有者の抵抗を、また既存の土地所有権のパターンへの反対行動の例として「土地の権利」キャンペーンを挙げている（Woods 2003; 2011）。

　そして、本書のフィールドであるアイルランドの農村研究者も、20 世紀の終わりからアイルランド農村が同様の構造再編を受けてきたことを指摘している。例えば B. McGrath は、農業組織の凋落や観光の推進といった構造再編が生じてきた結果、アイルランド農村では「様々な利害関係者が、農業、

住宅建設、鉱物採取、レジャーや遺産における資源へのコントロールをめぐって争っている」と述べている。そして McGrath は、農村の商品化をめぐる対立の中心的な現場は土地であり、それが将来の発展という観点からどのように所有され、占有され、利用され、考慮されるのかという点が問題となっているとしている（McGrath 1996）。あるいは、アイルランドの農村アクセス問題の進展をめぐっても、例えば M. Cawley は、このような構造再編に伴って土地が環境財や公共政策財としての機能を有するようになり、特に経済的に不利な条件にある農村地域に対してレクリエーションや観光の需要が増加したことがその背景にあると捉えている（Cawley 2010）。つまり、これらの研究者も構造再編やそれに伴う諸アクターの勢力変化については、先述の Marsden や Woods と同様の捉え方をしていると言ってよいだろう。

　ただ、そのような構造再編の存在自体は認めるとしても、そこにおいて農民を単に受け身的な存在としてのみ描くのは不十分であろう。例えば G. A. Wilson は、そのような変化に関する研究の多くが農民を外からの力に反応するだけの存在と見なしており、内側からの変化には注意が払われてこなかったと主張する。そして、実際には農民が変化を受け入れなかったり、独自の方法で適応していったりしたケースがあることを指摘しつつ、過度に構造決定論的な捉え方に異議を唱えている（Wilson 2001）。また、A. Dufour らも、農民の世界認識や主体性を分析の主眼を置き、農村の多機能性が重視されていく状況下で、地域に暮らす農民たちがいかにそれを利用していったのかについてフランスの山岳地帯を事例に明らかにしている。そして Dufour らによれば、そのような過程の中で農民たちは農村アクセスの保全にも戦略的に取り組んでいったという（Dufour et al. 2007）。

　他方で、このような構造再編への農民の主体的対応に注目する視点に対し、C. Potter と M. Tilzey は、そのような研究が「現実的なローカルアクターの世界」と「抽象的で理論的なグローバルフードレジームの世界」という誤った二分法を作り出していると批判する。つまり、そこでは構造再編をめぐる政治プロセスが外的で所与のものとなっており、政治的行為や政策決定の持つ役割が無視されているというのだ。そして Potter と Tilzey は、世界貿易機関（WTO）の交渉過程において、EU の農民団体が新自由主義的な潮流

に抗して自分たちへの公的保護を維持するため、「農業の多機能性」というレトリックを用いていることを指摘する（Potter and Tilzey 2005）。つまり、彼らの論考では構造再編に関わる政治プロセスにおいて、農民自身が変化を作りだすドライバーになっているという側面が示されているのである[3]。このような分析視点は、国家など多様なレベルでの、構造再編に関わる様々な政治プロセスに対しても同様に適用できるものであろう。しかしながら、農村アクセス問題に関する政治プロセスも含め、そのような試みはこれまでほとんどなされてきていない。

　そこで本章では、このPotterとTilzeyの視点を手掛かりにしながら、アイルランドの農村アクセス問題の初期の政治プロセスを捉えることにより、農民の影響力の低下とウォーカーの隆盛に伴うものという、農村アクセス問題の進展についての従来の一面的解釈に対して一石を投じることを企図する。次節以降では、まずアイルランドにおける山歩きの略史と農村アクセスの初期の様相について述べる。その後、農村アクセス問題がどのようにアイルランド社会の中でクローズアップされていき、ウォーカーがいかにしてそこに関わるようになったのかについて、1980年代後半に発生した管理者責任問題と共有地分割問題という2つの社会問題に着目して検討していく。また、そのような作業をおこなうなかで、この時代にアイルランドの、とりわけ地域に住む農民たちが、不特定多数のウォーカーによってなされる農地へのアクセスにどのように向きあったのか、そしてその実践がどのような論理に基づくものであったのかということについても目を向けていきたい。なお、本章が依拠するデータは、文書資料および関係者へのインタビューである。文書資料としては、アイルランドの全国紙である『Irish Times』紙（以下IT）および『Irish Independent』紙（以下II）、アイルランドを代表する農業紙である『Irish Farmers Journal』紙（以下IFJ）、アイルランドで山歩きをおこなう人々の全国団体MIの季刊ニューズレターである『Irish Mountain Log』

---

3) ただし、PotterとTilzeyはこのような農民団体の行動を完全に主体的なものではなく、階級的な拘束性を受けたものとして捉えている。また、農民団体の間でも「多機能性」の捉え方をめぐって方向性の違いが存在することも指摘されている。

紙（以下 IML）の各記事を取り上げる。

2 アイルランドにおける山歩きと農村アクセス問題の進展

　アイルランドにおいてレクリエーションを目的とした山歩きがいつ発祥したのかについては、必ずしも明らかではない。だが、少なくとも 19 世紀後半には植民地支配層を中心とした人々がそのような活動をおこなっていたことが知られており、1895 年にはブリテン諸島の山歩きに関するガイドブックシリーズの中の一冊として、アイルランドを取り上げたものが初めて登場する。また、すでにこの時代には観光客を山頂まで案内することで収入の足しにしていた農民が存在していたという（O'Leary 2015）。

　その後 20 世紀に入ると、山歩きはアイルランドの一般の人々の間にも少しずつ広がっていき、1902 年には首都ダブリンにおいて山歩きをその活動のひとつとしたクラブが結成されている。そして、アイルランド共和国独立後の 1930 年代には、An Óige というアイルランドのユースホステル組織が発足して野外活動が活発化していくとともに、ダブリン以外の都市においても山歩きをおこなうクラブが作られていった。さらに 1939 年には、アイルランドの観光局によって全国の主要な山を紹介したガイドブックも出版された。しかし、いまだアイルランドの大多数の人々にとって山歩きはポピュラーなレクリエーションではなく、この 1939 年出版のガイドブックは、1970 年代前半に至るまでアイルランドにおける山歩きのための唯一の書籍だったという。また、アイルランドで山歩きをおこなう人々の全国団体である MI（当時は Federation of Mountaineering Clubs in Ireland）が結成されたのは 1971 年のことであり、当時そこに加盟していたクラブは南北アイルランド合わせて 8 つにすぎなかった。

　これらの時代、アイルランドにおいて山歩きのための農地へのアクセスは、ほとんど問題と認識されることはなかった。例えば、1939 年のガイドブックのまえがきでは、「アイルランドの山のアメニティを高める要素は、そのアクセスの容易さである。用心深く警備された鹿狩りの森や、ヒースからあ

らゆる訪問者を遠ざける管理人集団は存在しない」と述べられている。これは、当時すでに農村アクセス問題が社会問題化していたイギリスを意識して書かれた文章であろう[4]。他方アイルランドにおいては、レクリエーションとして山歩きをおこなう人口はいまだ少なく、ウォーカーはアクセスをめぐる問題をほとんど意識することなく、丘陵にアプローチするため低地の農地を横切り、高地にある開放的な放牧農地にたどりつくとそこを自由に歩き回ったのである。

　だがその後、次第に山歩きはアイルランドで人気を得ていく。1970年代後半からは新たなガイドブックの出版がなされるようになり、1980年代には山歩きをおこなうクラブの数も増加していった。そして1980年代の初期には、ウォーカーの間ではすでに農村アクセスをめぐる問題についての言及がなされて始めていた。例えば1981年のIMLには、アイルランドの最高峰を有するマクギリークディーズ山脈のふもとに住む農民が訪問者によるゴミや農地境界フェンスへの被害にうんざりしているため、我々はマナーを守らねばならないと主張する投書が掲載されている[5]。また、同年にMIは「アクセス・環境保全担当者（Access and Conservation Officer）」と「アクセス・環境保全グループ（Access and Conservation Group）」を組織内に設置している[6]。そして、当時の役職担当者は、アクセスに関してIML誌上で、「大都市に最も近い地域を除いて、我が国ではウォーカーへの制限はほとんどない。しかしながら、この容易なアクセスはだんだんと失われつつある」と述べている[7]。

---

4) ただ、農村アクセス問題が社会問題になっていなかったとはいえ、この時代のアイルランドにおいてアクセスのブロックがまったく存在していなかったわけではない。例えば、この観光局によるガイドブックの著者は、1964年に本の執筆を振り返って、「アイルランドの観光アメニティについての敵意のこもった批判と解されうるものは、何であろうと削除された」と述べ、その例として『侵入者は訴追する（Trespassers will be prosecuted）』という看板について触れた文章をあげている。

5) IML, 1981/no.11

6) なお、これらとの直接の継続性はないものの、現在のMIにも「アクセス・環境保全担当者（Access and Conservation Officer）」（これは有給で専任となっている）と「アクセス・環境保全委員会（Access and Conservation Committee）」が設置されており、農村アクセス問題をめぐる組織の方針決定を担っている。

その一方で、この時期には農村アクセスはアイルランドにおいてはそれほど問題ではないという言説もまだ存在していた。例えば1981年のITのコラムにおいては、農村への観光やアクセスの圧力がすでに高いイギリスと状況を比較し、アイルランドではまだそのようなことは起こっておらず、土地所有者によってウォーカーが止められることはめったにないとしている[8]。また、1980年に開催されたナショナルスポーツショーにおいては、イギリスから招聘された専門家によって農村アクセス問題に関する講義が開かれたが、これについてIMLでは、「10年後の我々の問題がいかなるものかについてのアイデアや、いかに我々がイギリスで起こってきた困難を避けうるかについての示唆を与えるもの」という評価がなされている[9]。

しかし、このような状況は1980年代半ばにやや変化してくる。1986年にはITにおいて初めて農村アクセス問題に関する記事が掲載された。そこでは、公衆アクセスをめぐる法的枠組みがアイルランドにないために、当時開始されたばかりの全国標識道の設置過程において、トレイルが通る土地の所有者との合意交渉に時間がかかっているとのエピソードが紹介され、またアイルランドの著名な観光地であるバレン地域をめぐって、「古い道がだんだん土地所有者にブロックされてきているが、それに対して自治体は何もしない」という、アイルランド野生生物連合（Irish Wildlife Federation）からの苦言も載せられている[10]。さらに同年、アイルランドの高等裁判所において、ゴールウェイ県のアイナ湖漁場をめぐって、その漁場所有者の漁業権や土地所有権に抵触するような、カヌーなどの公衆のレクリエーション活動に対して、差し止めを下す判決が行われた[11]。この事件に対しては、ウォータースポーツ愛好家たちによる抗議活動がおこなわれており、それを紹介するIMLの記事では、「さまざまなロッククライマーやヒルウォーカーが、アクセス問題は今やみんなの関心事であると主張している。……彼らは、アドベ

---

7) IML, 1981/no.14
8) IT, 1981/3/14
9) IML, 1980/no.8
10) IT, 1986/11/18
11) この判決については *Tennent v Clancy* [1987] 1 I.R. 15. を参照のこと。

ンチャースポーツ間での協力や実際の助力やアクセスに関する情報の交換が、これまでになく重要になっていると述べた」と書かれている[12]。だがその一方で、同記事は「これまでの抗議活動においては登山家の参加はほとんどない」とし、この段階では農村アクセスをめぐる論争においてウォーカーはまだ前面に立ってはいない。翌1987年のIMLにおいても、「カヌー愛好家のようなウォータースポーツをする人々が、現在のところ登山家よりも（アクセス禁止の）被害をこうむっており、私的所有権対公衆のアメニティ権という問題のフロントラインに立っている」との記述がみられる[13]。

だが、以降で述べる1980年代後半のほぼ同時期に起こった2つの社会問題を通じて、ウォーカーは農村アクセスをめぐる全国的な議論へより深く関わり、その中心的な利害関係者になっていく。その社会問題とは、ひとつは農民の管理者責任の問題であり、もうひとつは共有地の分割をめぐる問題である。後述するように、これらは共に農村内の問題として発生したものであったが、問題が進むにつれ、公衆のアクセスという農村外の人々を巻き込む問題へと、そのフレーム[14]が変化していったのである。

3 管理者責任問題と農民団体のフレーミング

農民の管理者責任の問題とは、レクリエーションのため農地に入った人々がその土地で怪我をした場合、管理者責任を問われて訴訟を起こされるのではないかという農民の懸念である。後述の1995年の法改正まで、アイルランドではこの問題はコモンローによって処理されており、農民がどのような人々に対していかなる責任を負うのかということについては実定法が存在していなかった。だが、この問題の歴史をたどると、元々はウォーカーではなく、主に農地で鳥類を撃つ狩猟者に対して農民が抱いた懸念がその端緒で

---

12) IML, 1987/Summer
13) IML, 1988/Summer
14) フレームとは、「個人や集団が諸現象や出来事を意味づけることにより、経験を組織し行為を導くことを可能にする解釈図式」である（Snow et al. 1986）。

あったことが判る。そのため、まずはアイルランドにおける狩猟、とりわけガンクラブの活動について簡単に述べておきたい。

アイルランドの農地における狩猟権は、19世紀後半の土地改革以降、旧地主から新しい土地所有者に移ったり、旧地主が書面上のみ狩猟権を保持したり、あるいはまったく処理がなされないままになったりと、様々な運命をたどることになった。そのため現在でも農地での狩猟をめぐる法的権利関係をきちんと把握している者は少なく、多くの場合はその土地を所有する農民に属していると解釈され、その農民と口頭での許可に基づいた近隣の人々による狩猟が農村地域で行われている（Butler 2006）。

1960年代には、獲物となる鳥類の保護のため、このような人々が各地域でガンクラブを結成していき、その全国団体である National Association of Regional Game Councils（NARGC）も設立された。このガンクラブはアイルランドのほとんどの村や町に存在し、その多くは教区単位で組織されているため、メンバーのほとんどは教区内に住む人々である。彼らは秋から冬にかけての狩猟期間の間、2、3人の仲間と共に犬を連れて、農地にいるキジやヤマシギなどを撃つ。また、羊の出産時期などには農民の求めに応じて、害獣駆除のためにキツネなどを撃つこともある。

このようなガンクラブメンバーの狩猟活動に対し、NARGCは補償基金（Compensation Fund）と呼ばれる自前の基金を用意している。この基金は一種の保険としてメンバーの狩猟活動時の負傷をカバーするほか、狩猟がおこなわれる土地を所有する農民の財産が被害を受けたり、その農民が管理者責任をめぐって賠償請求を受けたりした場合にも支払いがなされる。この基金が設立されたのは1984年のことであり、それ以前は外部の会社に保険が委託されていたが、狩猟中の事故の多さのためNARGCに保険を提供する会社がいなくなり、そのため彼らは政府の指導のもと自前の基金を設立したのである。

そして、農民の管理者責任をめぐる議論は、1985年11月にIFJに寄稿された、この基金の有効性に疑義を唱える全国農民団体 Irish Farmers Association（IFA）の幹部からの投書がひとつの端緒となっている。その投書は、ガンクラブは保険会社の提供する保険には入っておらず、NARGCの補償基金

では狩猟活動に伴う被害や賠償請求を十分に賄うことができないため、農民はガンクラブに許可を出す前に弁護士の助言を求め、それで満足できなければガンクラブのアクセスを拒否せよという内容であった[15]。この投書は農民と狩猟者の間に少なからず反響を引き起こし、複数のガンクラブから自分たちはきちんとした保険を持っていると反論する投書がIFJに掲載された。また、この問題をめぐってIFAとNARGCの間で会合もおこなわれた。その結果IFAは、NARGCの補償基金の有効性を認めるとともに、ガンクラブはメンバーリストを農民に見せてきちんと保険でカバーされていることを証明すべきであるとの声明を出した。

　だがここで、ガンクラブのメンバーでない者への対応をどうするかという問題にも目が向けられた。例えばIFJに寄せられた農民からのある投書は、農地を使うのはガンクラブだけではなく、ガンクラブメンバーよりも賠償請求を起こしやすい人々がいるとして、未成年者・密猟者・遊歩者・ハイカー・キャンパーなどを挙げ、彼らに対応するため管理者責任についての抜本的な法改正が必要だと主張している[16]。ここでは遊歩者やハイカーといった都市住民を中心とした利用者がガンクラブメンバーと対置されているが、たしかにガンクラブメンバーは必ずしも農民にとって完全な「外部者」ではない。先述のように多くのメンバーは農民と同じ教区内に住み、彼らのための害獣駆除も行っているし、さらに言えば農民自身がガンクラブに入っているという場合も少なくない[17]。IFJに寄せられた、あるNARGCメンバーからの反論の投書においてもこの点が注目されており、NARGCの中には多くのIFAメンバーがいるとして、NARGCメンバーである数名のIFA幹部の具体名を挙げ、農民とガンクラブとのつながりが指摘されている[18]。

　そして、管理者責任をめぐるIFAとNARGCの話し合いは以後も継続され、

---

15)　IFJ, 1985/11/9
16)　IFJ, 1985/12/21
17)　FACE-Ireland（2004）によると、ハントによるキツネ狩りなど、ガンクラブの鳥撃ち以外も含めたアイルランドの狩猟活動は、その30％が農民、さらに30％は農民の家族によって行われている。
18)　IFJ, 1986/1/4

1986年8月には両者の間で合意の枠組みが作られた。それは、① NARGC は各ガンクラブに対してアクセス許可の更新のために農民にアプローチするよう助言する、②ガンクラブは補償基金の文書を農民に見せて説明する、③農民に求められたらガンクラブはメンバーリストを渡す、④土地所有者は狩猟者に ID と銃ライセンスの提示を求めるというものであり、IFA はガンクラブの建設的で責任あるアプローチには農民はポジティブに応対するようにと呼び掛けた。だがその一方で、ガンクラブメンバーでない銃のライセンスホルダーも 6 万人いるという点を指摘して、IFA は管理者責任をめぐる法改正のため大臣との面会を求めた。また、個々の農民には自前の公的責任保険を持つよう呼びかけるとともに、「責任ある一般公衆による農村アメニティへのアクセスを融通することに関しては同情を持っている」との声明を出した。そしてこれ以降、ガンクラブメンバーよりもむしろ農村外部からの利用者を主眼にした議論へと焦点が移っていく。

　さらに、IFA はここに管理者責任と観光産業とのつながりというフレームも追加していく。1987 年 7 月に行われた観光大臣との面会において、IFA はアグリツーリズムに関わる人々の保険代は高すぎであり、管理者責任の法改正によって保険代を下げることができると主張した。また、1989 年 5 月の司法大臣との面会においては、公衆や観光客が楽しんできた伝統的なオープンアクセスが管理者責任問題のために脅かされるべきではないという合意をおこない、観光産業とアクセスの確保の間の結びつきを示した。そして、このような IFA の動きに対し、当初からこの問題にかかわってきた NARGC は、自分たちは補償基金を持っているが、クラブに属さない狩猟者への懸念を IFA と共有しているというスタンスを取ることで支持をおこなった[19]。

　だが、このような IFA の運動にもかかわらず、政府の管理者責任をめぐる法改正への動きは遅々としていた。そのような中で、1991 年 11 月にアイルランドで 2 番目の規模を持つ農民団体である Irish Creamery Milk Suppliers Association（ICMSA）が、管理者責任をめぐる法改正がなされるまで農

19）　彼らのこのような主張は、自分たちの地域の獲物を乱獲するようなシューティング・ツーリズムに対する懸念への裏返しでもあった。

民は農地への公衆アクセスを拒否すべきであるとの運動を突如開始した。他方、法改正運動を主導していた IFA は、NARGC のみならず、釣り人やウォーカーの団体あるいは観光関係者からも、自らの運動への協力を取り付けようという試みに乗り出していく。そして、1991 年 12 月には農地のレクリエーション利用に関わる多様な関係者を招いた会合を開き、この席上で IFA は、近いうちに法改正がなされないのであれば、ICMSA と同じようなアクセスの拒否に乗り出さざるを得ないだろうとして、これらの団体からの支持を求めた。これに対し、会議に集まった 12 のレクリエーション団体は「フィールドスポーツ組織連合（Alliance of Field Sports Organizations）」というかたちで結束し、IFA と協力しながら管理者責任の法改正を求めていくことになった。そして、この時点から MI（当時は Mountaineering Council of Ireland）などのウォーカー団体は、管理者責任と農村アクセスをめぐる議論に深く関与していくことになる。

　ただ、それ以前にこの管理者責任問題についてウォーカーが言及していなかったわけではない。IML においては 1987 年の段階で、政府が所有する森林地で怪我をした人が賠償を勝ち取ったというニュースが紹介され、このような傾向が続けば政府はアクセスを制限するようになり、私有地の土地所有者もそれに従うだろうと述べられている[20]。また、1990 年の IML では、ウィックロウ山地への国立公園設置をめぐる関係者の会議において、地元 IFA 支部から、増加するレクリエーション利用者による農民の財産への被害に対して苦情が述べられるとともに、管理者責任の問題が何度も言及されたとして「新法の必要性に疑いはない」と書かれている[21]。しかし、1992 年の IML になると、前年末の ICMSA のアクセス禁止運動や IFA による会議の様子が記述され、「管理者責任の問題が今やアクセスの自由に国家規模の脅威を与えている」との表現がなされており、農村アクセスへの実際的脅威としてこの問題をとらえるようになっている[22]。

20）　IML, 1987/Spring
21）　IML, 1990/Spring
22）　IML, 1992/Spring

写真 2-2　現在でも、土地所有者の管理者責任について触れつつアクセスの禁止を告げるという形式の看板を、アイルランド各地で時折見ることができる。

一方、このように様々なレクリエーション団体の支持を得たIFAは、1993年4月には、管理者責任問題によって私有地にある歴史遺跡が閉鎖され、観光が危機に瀕しているとの主張を唱え、実際にアクセスがブロックされている4つの著名な遺跡の名前を挙げて「農民の歓迎が観光の成功には不可欠だったが、その寛容は今や不可能になった」として、法改正の遅れを批判した。また、IFA幹部がこれらの土地の所有者を実際に訪問して支持を表明することで、観光産業の存続の危機を演出し、政府への圧力を強めた。このようなIFAの態度に対し、MIは法改正までは農民によるアクセスのブロックは我慢しなければならないだろうとして、他のレクリエーション・観光団体と共にIFAの運動を支持し続けた。

その結果、法改正委員会の諮問を経て、1995年6月にようやく「占有者責任法（Occupiers Liability Act 1995）」[23]という新法が政府によって制定された。この法律においては、「レクリエーション利用者（recreational user）」というカテゴリー[24]が規定され、このような人々に対する管理者責任は、意図的に傷つけないか、向こう見ずな無頓着をおこなわないことのみであるとされた。そして、このような法規定は、IFAとMIなどのレクリエーション団体の双方から歓迎されるものであった。

以上のように、管理者責任をめぐるIFAの運動は、当初はガンクラブという農村内のアクターを中心とした問題から始まり、やがて農村外部の人々にいかに対処するかという問題へとその矛先を変えていった。その中でIFAは、そのような外部者の農地利用への対処として法改正という目標を設定し、観光産業や幅広いレクリエーション活動と農村アクセスとの結びつきを強調するフレームを作り、時にはアクセスの拒否もちらつかせることで、ウォー

---

23) ここで言う「占有者（Occupier）」とは、入って来る人々への責任が問える程度にその土地へのコントロールを有している人物のことを指している。
24) 占有者責任法において「レクリエーション利用者」とは、「占有者の許可のあるなしに関わらず、あるいは占有者の暗黙の招待において、レクリエーション活動に従事するという目的に課される料金なしに（駐車設備の供与コストに関するリーズナブルな料金を除く）、その敷地に入ってくる人物」と定義されており、招待を受けたり料金を科せられたりしている「訪問者（visitor）」とは異なる存在であるとされている。

カー団体をはじめとする様々な関係者を自身の運動へと巻き込んでいき、最終的に自らの要求を実現したのである。

ただ、このようにして言わば「発見された」外部者への管理者責任の問題は、これ以降も農民たちの間で不安として残り続け、IFJ の記事などにおいても「占有者責任法は完ぺきではないかもしれない」というかたちでしばしば言及されていくこととなった。また、この法律によって解決すると思われていた農民によるアクセスのブロックも、結局期待されたほどには減ることがなく、アイルランドの好景気に伴うウォーカーの増加とも相まって、農村アクセスをめぐる農民とウォーカーの対立的状況はむしろ激化していくことになるのであった。

4　共有地分割問題と反対運動のフレーミング

アイルランドにおいてウォーカーが農村アクセスをめぐる議論に深く関わるようになったもうひとつの契機は、共有地の分割をめぐる論争である[25]。この「コモネージ（commonage）」と呼ばれるアイルランドの共有農地は、特に北・西部地域の丘陵地や沿岸地といった痩せた土地に多く見られる。2010 年の時点でこのような共有地はアイルランドの全農地の 8% に相当し、北・西部地域に限っては全農地の 8 分の 1 を占めている（Central Statistics Office 2012b）。この共有地の多くは、19 世紀末からの土地改革を通じて 2 人以上のシェアホルダーによる共同所有権が設定された土地であり、現在では主に家畜、特に羊の放牧と、燃料用の泥炭の採取がおこなわれている。シェアホルダーの多くは近隣の地域に住む農民であるが、基本的にシェア（共同所有権）の売買は可能であるため、地域外の人物がシェアホルダーとなっている場合もあるし、海外へ移民したシェアホルダーが書類上権利を保持したままになっているということもある。

このような共有地は、共有という所有形態であるがゆえに、土地改良のた

25）　この問題については、松尾（1991）でも論じられているので、そちらも参照のこと。

めの投資がおこなわれることはほとんどなく、そのため農民団体やIFJ紙上では、共有地を分割して私有地化すべきだという主張が1960年代頃から継続的に行われていた。彼らは共有地を分割することによって、特に小農が多い北・西部地域において農民の土地所有面積が増加し、かつ貧しかった共有地の土地を各自が施肥して改良することでより多くの家畜が飼えるようになり、また分割フェンスによって各土地が囲われることで山での家畜のロスや伝染病の予防にもなると、共有地の分割によって得られる様々な経済的利益を主張していた。

　しかし、たとえそのような共有地の分割が計画されても、分割に反対するシェアホルダーがいるために計画が実行できないというケースも少なくなかった。共有地の分割を管轄・援助する役割を持つ政府の土地委員会には、そのような場合には強制分割を執行できる法的権限が与えられていた。しかし、彼らはシェアホルダー全員の合意があるときのみ共有地の分割申請を受け付けるという立場を取り、1人でもシェアホルダーの反対がある時には分割を実行しなかったり、あるいは分割反対者に別の土地を取得させるなどの懐柔策をおこなったりすることで[26]、全員一致の原則を保持しつづけた。そのため例えば1973年には、当時の農業大臣が共有地の分割について、生産性向上のために分割は必要だが、訴訟や感情悪化など隣人間にトラブルが起こらないようにした方が良いとして、シェアホルダーに全員一致で計画の申請をするように求めている[27]。このような状況に対してIFAなどの農民団体は、少数の反対のために分割が実現できないのは不当だとし、シェアホルダーの多数が分割を望む場合には土地委員会は強制分割を執行すべきだとする要求を1960年代から続けていたが、なかなか望ましい成果はあがらなかった。

　このような中で、1981年〜90年に実行される、EU（当時はEC）による「西部パッケージ（Western Package）」と呼ばれるアイルランド西部の農業開発プログラムにおいて、共有地の分割と土地改良に対して70〜80%の補

---

26) このような土地委員会の差配については、IFJ, 1969/1/25 などに記述されている。
27) IT, 1973/10/26

写真 2-3　シェアホルダーによる分割がなされた共有地では、しばしば多数の土地境界フェンスが設置されるため、開放的な高地を歩き回るというウォーカーの楽しみは大きく損なわれてしまう。

助金が与えられるという内容が公表された。この多額の補助金は、以後これまでにない規模での共有地の分割をもたらすとともに[28]、土地委員会による強制分割の執行を求める農民団体からの声も大いに強めた。このような圧力に対し、1983年には当時の農業大臣が、シェアホルダーの75%の賛成があれば分割できるような法制を計画しているとの発表をおこなった。

　このような状況の中、メイヨー県西部の村落ムルラニーにおいて、村落背後の丘陵地にあるグレナマドゥーとブナハウナと呼ばれる2つの共有地の分割が計画された。合計面積773haにも及ぶこれらの共有地には64のシェアがあり、当時42人のシェアホルダーの間でそれらのシェアが分配されていたが、このうち31人のシェアホルダーが共有地の分割に賛成し、計画不備による一度の失敗を経たのち1987年に提出した分割の申請が土地委員会によって受理され、翌年には土地委員会から分割プランが示された。これに対し、8人のシェアホルダーから分割への反対意見が提出された。彼らの反対意見は土地委員会で審議されたものの1990年4月に棄却が決定されたため、分割反対者たちは法的手続きに従ってこの件を高等裁判所へと上告することを決断する。これは、共有地の強制分割をめぐる論争が、初めて司法の場へと付託された事件であった[29]。

　当時ムルラニーにおいては、これら2つの共有地を実際に使っているシェアホルダーはそれほど多くなかった。だが分割賛成者たちは、分割をおこなえばそこで放牧をおこなう農民には先述のような経済的利益がもたらされ、加えて放牧をおこなわない人々も土地売却あるいは植林などへの利用転換といった土地利用の自由を手にできると考えた。これに対して反対者たちは、もし分割が行われれば、羊が山を歩き回って必要な餌や水あるいは悪天候時の避難場所を見つけられなくなってしまうと考えた。そして、多数の賛成者

---

28) 土地委員会の年次報告書（Report of the Irish Land Commissioners）の記録から計算すると、1971年から1980年までの10年間になされた共有地の分割は36件であるのに対し、1981年から報告書最終年の1987年までの7年間における共有地分割は255件にのぼる。

29) この裁判については Commonage at Glennamaddoo, Re [1992] 1 I.R. 297. を参照のこと。

によって共有地の分割が進められようとするなか、これらの反対者たちは、この地域で小型バスのドライバーとして働き、多くの地域活動にも積極的に関わっていたバーニーさんという人物のもとへ相談に赴き、そこで共有地分割反対のための会が結成されることとなった。

　バーニーさんは地域外の出身であるが、1967年にムルラニーに住む女性と結婚して移り住んできた人物で、この妻は当時これらの共有地のシェアを持っていた。バーニーさん自身は農業をおこなっていないためこのシェアを使っていなかったが、彼は相談に来た農民たちに共感し、分割反対のスポークスマンとなることを引き受けた。バーニーさんはアイルランドの伝統的農村生活の支持者であり、共有地を使った昔ながらの羊の専業農家が将来に渡って存続することを望んでいた。彼は分割賛成者の多くは兼業農家で、結局は家畜の面倒をきちんと見ず、分割後の土地をディベロッパーに売ってしまうと考えたのである。また、バーニーさんは政府などによってきちんとした調査が行われないまま共有地の分割が推進されているのは馬鹿げていると感じていたため、環境コンサルタントを雇って当該共有地の分割による経済的・環境的影響に関する調査にも乗り出した。この調査の結果は、分割は投資に見合う農業的利益をもたらさず、加えて土壌流出を引き起こし、水資源などの地域環境にも悪影響があるというものであった。

　だが、彼らの反対運動は決して容易なものではなかった。先述のようにシェアホルダーの多数が分割に賛成していたため、彼らの行動は分割賛成派から「地域の人々が利益を得る計画に反対している」と非難された。また、賛成派は分割によって共有地での過放牧の問題も解決できるとしていた。これは1980年代後半から、分割を推進する農民団体などによって、分割の経済的利益に加えて用いられるようになった論理である。共有地ではもともと、各シェアホルダーが何頭の家畜を置けるかについての合意が地域内でなされていることも少なくなかった。しかし、そのような規範は時代と共に弛緩し、加えてEUが1975年から条件不利地域に対する頭数支払い（Headage Payment）、さらに1980年からは雌羊奨励金（Ewe Premium）という、羊の保有頭数に基づいた農家補助金を開始したため、1980年代頃から多くの共有地では羊の過放牧とそれに伴う環境破壊が起こるようになっていった

(McKenna et al. 2007)。そのため分割賛成派は、共有地を分割すれば各自が自分の土地としてもっと気をつけるようになるのに、現状では分割反対派の少数の農民が共有地を独占して過放牧状態になっており、他のシェアホルダーの利益が奪われていると反対派を非難した[30]。

こうして分割賛成派から「地域の利益に反する」とのレッテルを貼られた分割反対派に対しては、地域の中で嫌がらせなどが起きるようになり、ムルラニーの村落は敵意に満ちた分裂状態に陥った。また、分割中止を求める法的手続きを進めるにあたって、反対派は金銭的な困難にも直面してしまう。そのような中、地域内で少数派だった彼らは、「レクリエーションアクセスの危機」という新しいフレームを運動に付け加えることで、地域外部のアクター、特にウォーカーからの支援を求めることを決断したのである。このことについてバーニーさんは以下のように語る。

> 嫌がらせの結果、農民たちは、我々は外部からのサポートが必要だと言ったのさ。もしウォーカーが歩きたいのであれば、彼らは我々の運動に関わる用意があるに違いない、これは農民たちだけに任されるべき事柄ではない、と。

バーニーさんは小型バスのドライバーとして、この地域にやって来る観光客やウォーカーに交通手段を提供しており、彼らとのコンタクトをもっていた。そのためバーニーさんはそのネットワークを通じて、全国のウォーカー団体や環境団体に彼らの分割反対運動へのサポートを求めたのである。もっとも、分割計画の対象地であったグレナマドゥーとブナハウナ自体は、当時それほどウォーカーによって利用されていたわけではない。しかし、ここで分割がなされれば他の多くの共有地も同様に多数決に基づいてフェンスで分断され、丘陵地へのウォーカーのアクセスが遮られてしまうと彼らは訴えたのである。

同時に、バーニーさんや分割反対派の農民が中心となって、1987年からこの地域の丘陵地帯においてウォーキングフェスティバルも開催されるよう

---

30) このような批判に対し、反対派は当該共有地では過放牧は起こっていないとの立場を取った（II, 1992/8/4）。

になった。このフェスティバルは現在に至るまで続けられており、分割反対派を中心とする農民たちがウォーキングリーダーを務め、地域一帯の丘陵地を案内してきた。また、このフェスティバルの運営委員会には、バーニーさんのバスドライバーとしてのネットワークを通じて、ダブリン在住の An Óige のウォーカーたちも加わってきた。このようなフェスティバルは、共有地分割論争時にはウォーカーに対してこの地域の山歩きの魅力をアピールする、あるいはウォーカーによってこの地域が利用されていることを証明する手段となった。

　なお、このような共有地の分割がもたらすウォーカーへの影響は、この事件以前に指摘されていなかったわけではない。1983年の IT のコラムでは、共有地の分割によってウォーカーのアクセスが阻害される懸念が述べられているし[31]、IML においては、1990年に初めて共有地分割についての記事が載り、分割は過放牧対策としては良いかもしれないが、ウォーカーの利益を考えた形で分割フェンスが建てられたり、フェンスをまたぐ踏み板が設置されたりするとは思えない、とされている[32]。だが、この共有地の分割をめぐる高等裁判所での裁判が1990年7月から開かれることになり、それに際してバーニーさんは、先述のように様々なウォーカー団体や環境団体にコンタクトして助力を求めた。その結果、彼らの多くが分割反対派への支持を表明し、中でも MI は500ポンドの裁判費用の支援をおこない、ここに至ってウォーカーは、共有地の分割と農村アクセスをめぐる議論に本格的に関わるようになっていったのである。

　また、このような MI などとの協力関係に加えて、バーニーさんは分割に反対する農民たちと共に首都ダブリンに通い、ウォーカー団体や環境団体を集めた会議を数回開き、自分たちの活動を支える全国団体を作ることを試みた。そのような動きから1994年3月に発足したのが、共有地の分割阻止のみならず、広く公衆の農村アクセスを保護することを目的とした全国団体 Keep Ireland Open（KIO）であった。この KIO は共有地分割を推進する動き

31）　IT, 1983/11/5
32）　IML, 1990/Summer

に対して、分割はウォーカーのレクリエーションアクセスを阻害するものであり、また家畜の保有頭数に基づく補助金が続くならば共有地を分割しても羊の数は減らないため、分割は過放牧対策としても不適当だと主張した。また、同時期に起こっていた管理者責任問題についても、公衆アクセス保護の観点から法改正を求めていく立場を明らかにした。

　一方、IFA などの農民団体は、同時期に管理者責任をめぐる法改正運動を主導していたものの、共有地分割については農村アクセスと関係させた主張を行わず、分割の経済的利益とともに、過放牧対策としても分割が有効であるとの立場を取り続けた。また、ムルラニーの分割賛成派も、反対派の作り上げた「レクリエーションアクセスの危機」というフレーミングを拒否して抵抗を試みる。例えば、II への投書において彼らは、グレナマドゥーとブナハウナの分割は農業開発と過放牧による環境破壊の防止のためであると述べたうえで、ウォーカーのアクセスに関しては、「我々はいつでもヒルウォーカーを歓迎してきた。我々は景色のよいウォークに標識も建てたし、ヒルウォーカーへの手助けは何でもおこなう」と広く受け入れる姿勢を表明し、共有地の分割と農村アクセスをめぐる問題は何も関係がないとの立場をとったのである[33]。

　結局、1992 年 3 月に高等裁判所は判決を保留し、分割の環境的影響をまずプラニング機関で考慮する必要があるとした。その後、メイヨー県のプラニング機関で、分割にともなうフェンスや道路の建設はプラニングの許可申請が必要ないとされたため、MI などのウォーカー団体は、上級プラニング機関への上告をおこなった。そして、1993 年におこなわれた公聴会では、これらのウォーカー団体はレクリエーション利用者として証言をおこない、同時に IML では、利用実態の証明のため「過去にこの地域を歩いたことがあるウォーカーは、反対派の弁護士にそのことを知らせることが重要だ」との見解が述べられた[34]。最終的にプラニング機関は、フェンス設置に許可申請は必要ないが、道路建設には許可が必要との判断を下し、ここにいたって

33）　II, 1992/6/4
34）　IML, 1993/Summer

分割賛成派はそれ以上の分割計画の推進を断念した。そのため、高等裁判所での判決は法的には保留されたままとなり、裁判の結果次第とされていた全国的な多数決原則による共有地の強制分割も実施されないままとなった。そしてその後、1990年代の環境保全型農業への転換の流れの中で、アイルランドの共有地のほとんどが環境保全地域に指定されていったため、最終的には1998年に当時の農業大臣が、共有地の分割の促進はもはや望ましくないという見解を国会で表明するに至ったのである。

　以上のように、この共有地の分割をめぐる論争は、当初は農業開発とその影響に関するものであったが、困難に直面した分割反対派によって農村アクセスをめぐる問題へとそのフレームが拡張された。その過程で、反対派はMIなどのウォーカーを巻き込みながら自らの運動をすすめていき、最終的には当該共有地の分割を阻止することに成功したのである。また、このような運動の結果として、アイルランドにおいて公衆のアクセスの保護を訴える初めての全国団体KIOが誕生することとなり、ウォーカーはその中でも中心的な位置を占めるようになった。そしてこれ以後、MIやKIOといったウォーカーの利益を代表する団体は、アイルランドの農村アクセスをめぐる議論において、レクリエーション利用者側の主要関係者として活動するようになっていったのである。

5　農民の「生活の便宜」がアクセスを可能にする

　本章では、アイルランドにおいてウォーカーが農村アクセスをめぐる全国的な議論にいかに参入するようになっていったかを描いてきた。そのきっかけとなった、1980年代後半からの管理者責任問題と共有地分割問題という2つの社会問題は、当初はガンクラブの活動あるいは共有地の農業開発をめぐって生じたものであり、いずれもウォーカーのような主に農村外部のアクターとは無関係の問題、すなわち1節で述べたM. Woodsの言うところの「農村の政治」にとどまるものであった。だが、それらの問題に取り組む過程において、IFAや共有地分割反対派といった農民たちは、「公衆のアクセ

ス」というフレームをそれぞれ戦略的に用いて農村外部のアクターからのサポートを得ることにより、問題の解決を図ろうとした。つまり、これらの農民たちは、「農村の政治」だったものを、Woods の言うところの「農村的なものの政治」へとフレーム拡張あるいはフレーム増幅[35]していった。そして、そのような農民たちの生み出すフレーミングに巻き込まれていく中で、アイルランドのウォーカーは農村アクセスをめぐる議論へと本格的に関与するようになっていったのである。

　このような、農村アクセス問題をめぐる初期の政治プロセスにおいて農民たちの実践が議論を進展させていくドライバーになっていたという事実は、構造再編の中で農民の発言力が低下し、ウォーカーの影響力が増加したために農村アクセス問題が加速したとする従来の図式だけでは捉えることができない。むしろそのような単純な図式とは異なり、アイルランドの農村アクセスをめぐる議論は、ウォーカーの隆盛のみならず、農民自身の必要性に基づいてなされたフレーミングによっても、活発化していったのである。もちろんこれは、アイルランドの農村アクセスをめぐる議論が農民の実践のみによって進展していったと主張するものではない。ウォーカーなどの農村外部のアクターが一定程度の影響力を持っているという認識なしには、農民は公衆のアクセスを組み入れたフレーミングをおこなわなかっただろうし、そのような農民の認識そのものが、ウォーカーの発言力が強まってきているという現実の反映であったと言えるだろう。しかし、農民たちはそのような構造再編に対して決して受け身であったわけではなく、自らの問題解決のためにそれを政治的に積極的に利用し、結果としてアイルランドの農村アクセスをめぐる議論の進展に一役買っていたのである。Woods の言う「農村の政治」から「農村的なものの政治」への移行とは、アイルランドにおいては同時に、そのような構造再編のプロセスの中で農民自身が用いたフレーミングの形でもあったのだ。

---

35) D. A. Snow らの定義に従えば、フレーム拡張とは、既存のフレームでは参加者が得られない場合に、潜在的参加者に合わせてフレームを拡張することである。また、フレーム増幅とは、ある争点や問題に関係する解釈フレームを明確にし、強化することである。

さらに、とりわけ共有地分割問題をめぐっては、そのようにフレームが変化していく中で分割反対派の農民、そして後には分割に賛成する農民までもが、ウォーカーの農地へのアクセスを積極的に受け入れるような実践をおこなっていった。そして、この受け入れ実践とは、ウォーキングフェスティバルの委員会やMIとのネットワークといった対話関係を越えて、不特定多数のウォーカーによる利用へも開かれていくようなものであった。もっとも、共有地分割問題が起きた1980年代後半から1990年代初頭の時期は、農村アクセスをめぐる農民とウォーカーの間の対立的状況は現在ほど深刻化していなかった。とはいえ、先述のようにこの時期には共有地分割問題と並行したかたちで管理者責任問題が発生しており、アイルランドにおいて不特定多数のウォーカーのアクセスに対処するためのシステムは現在以上に不安定なものであった。しかし、そのような状況にも関らず、ムルラニーの分割反対派と賛成派は、これまでの農業形態の継続／新たな農地利用法の開発とそれぞれ目指すところは違うものの、地域におけるより良き生活と信ずるものを実現するための便宜的手段として、いずれも不特定多数のウォーカーの農地へのアクセスを積極的に奨励するような立場をとったのである。このことは、地域に住む農民の言わば「生活の便宜」が、対話の場やシステムを必ずしも経由しない不特定多数のウォーカーへと農地が開かれる契機を生み出しうるということを示すものと言えよう。

しばしばウォーカーは、その土地が私有地なのか共有地なのか、あるいは誰によって所有されているのかといったことを知らないまま、丘陵地へのアクセスをおこなう。しかし、そのような利用も含めたかたちで、彼らは「農民との良好な関係」を捉えている。

第3章
私的所有地のレクリエーション利用をめぐる作法

第3章 私的所有地のレクリエーション利用をめぐる作法

1 ウォーカーは不特定多数の農民とどのように向き合っているか

　序章でも述べたように、農村アクセス問題を抱える社会においては、アクセスがなされる地点ごとに土地所有者とレクリエーション利用者の間で対話やシステムが成立したりしなかったりする一方で、正義の落ち着きや明白な不正義の存在を見出すことも難しいという状況がしばしば生じてくる。そして、そのような状況は「対話アプローチ」、「システムアプローチ」、「正義アプローチ」といった、これまでの複数的資源管理論の分析視角ではうまく捉えられない。それでは、実際の農村アクセスの現場においてレクリエーションをおこなっている人々は、そのような状況下でいかなる実践をおこない、アクセスをめぐって生じてくる諸事態にどのように対処しているのだろうか。

　これまで農村アクセスをおこなうレクリエーション利用者、とりわけウォーキング活動をおこなう人々をめぐっては、量的な観点からの調査が多くなされてきた。そして、そこにおいては農村アクセスをめぐる選好や、アクセスに対してどの程度金銭を支払う意思があるか（willingness to pay）といった事象が調査の主眼となっており、アクセスの現場で彼らがどのような実践をおこなっているのかということについては詳しく分析されていない（Barry et al. 2011; Buckley et al. 2009a; Bull 1996; Morris et al. 2009）。

　他方で、自然資源のレクリエーション利用をめぐる質的な研究においては、ひとつの場所や地域に焦点を絞った分析が多くおこなわれてきた。そして、そこにおいてレクリエーション利用者の実践は、その地域の生活論理にいかに寄り添っているのかという基準のもとでしばしば考察されている。例えば家中茂は、沖縄の海域の多面的機能について論じる中で、スクーバダイビングに関係するアクターと地元の漁協などが協働関係を構築し、地域の環境保全や振興に乗り出していった過程について肯定的に描いている。家中によれば、沖縄県恩納村では漁協が中心となって資源管理に取り組む中で、リゾートホテルとの海面の利用調整や、観光業者も巻き込んでのサンゴ礁の保全などがおこなわれるようになった（家中 2012）。また座間味村においても、

93

写真 3-1　広めの路肩に駐車して山歩きの準備をする人々。このように山歩きの開始地点までの移動には自動車が用いられるため、アクセスをめぐるウォーカーの実践はひとつの場所あるいは地域で完結することはない。

ダイビング事業の隆盛にともなうサンゴ礁の過剰利用に対して、地元ダイビング事業者が漁協と連携しつつ、自主的に利用制限やオニヒトデの駆除などをおこなっていった（家中 2007）。

あるいは村田周祐は、同じく日本の海域を事例にしつつ、レクリエーションの論理が地域の論理と齟齬をきたす状況について検討を加えている。例えば島根県奥泊では、かつて地域の「生活の海」を支えるしかけと接続していたスクーバダイビング事業が、やがてそのしかけとは切り離されてしまうことで、地域の漁業者の支持を失うこととなった（村田 2010）。また千葉県鴨川においては、海域の利用をめぐってサーファーと漁業者が対立しており、彼らの論理は互いに相容れないものではあるが、サーファーを地域規範の枠内に位置づけなおすことで成立する「生活基準の関係」を通じて、漁業者はサーファーを受け入れているという（村田 2014）。

つまり、このような質的研究に共通しているのは、「地域活性化の助け舟」といったように自然資源のレクリエーション利用を無前提に肯定する見解とは距離を取って、地域コミュニティを中心とした個別の生活の場に寄り添って議論を展開していこうというスタンスである。もちろん、本書はこのような研究スタンス自体に異を唱えるものでは決してない。しかし、地域生活の論理を強調しようとする力点ゆえに、そのような研究においては、農村アクセス問題におけるウォーカーのような、多地点的にレクリエーションをおこなう人々の実践が十分に分析されないままになってしまっている。つまり、ある地点では地域生活の論理に回収されるかもしれないが、別の地点ではそれに回収されないまま利用をおこなうといったような、移動性を持ったアクターの実践については、このような固定された着眼点を用いる研究ではうまく論じることができないのである。

このような中において、農村アクセス問題とも関連させつつ、そのような移動性を持つレクリエーション利用者の実践に注意を向けた数少ない業績として、イングランド・ウェールズのカヌー愛好家についての N. Ravenscroft らの研究がある（Church et al. 2007; Gilchrist and Ravenscroft 2008, 2011）。これらの研究において Ravenscroft らは、フォーカス・グループやインターネット掲示板の書き込みの分析などを通して、カヌー愛好家たちが川の航行

をめぐるアクセス問題[1]をどのように捉えているかということについて質的な観点から考察を加えている。また、彼らはカヌー全国団体の方針と現場の個々の愛好家の実践の間に存在する離齬や重なりについても言及している。ただ、Ravenscroft らの研究はエスノグラフィックな調査に基づくものではないため、このようなカヌー愛好家たちが状況の異なる複数の地点で実際どのように対応しているのかということまでは明らかになっていない。

そこで本章では、第 2 章で描いたような歴史的展開を経た後に、山歩きをめぐる農村アクセス問題が本格的に深刻化したアイルランド社会の中で、ウォーカーたちがどのようにこの問題を捉え、それに対処しているのかについての考察をおこなう。次節では、まずアイルランドのウォーカーを代表する 2 つの全国団体の主張について検討する。その後、アクセスをめぐって問題を抱えている本書のフィールドワーク地域で山歩きをおこなっている登山クラブの活動に焦点を当て、全国団体の主張とこのクラブの実践を比較しつつ、農村アクセスの現場でクラブが用いている対処論理について分析し、それが有している可能性についても考察をおこなう。これらの作業を通して本章では、アイルランドのとりわけ農村アクセス問題の現場にいるウォーカーたちが、アクセスをおこなう農地を所有している不特定多数の農民とどのように向き合っているのかについて明らかにしていきたいと考える。

2 ウォーカーを代表する 2 つの全国団体の観点

第 1 章でも述べたように、アイルランドにおいては 2004 年に、農村レクリエーションに関する全国的な利害関係団体間の対話のため、CNT という委員会が政府によって設立された。この CNT にはいくつかの種類のレクリエーション活動を代表する団体が参加しているが、現在まで農村アクセスをめぐって活発な議論がおこなわれてきたのは山歩きなどのウォーキング活動

---

[1] なお、Ravenscroft らのケースにおいては、カヌー愛好家は土地所有者のみならず、漁業権を持つ漁業者とも対立している。

第 3 章　私的所有地のレクリエーション利用をめぐる作法

に関してである[2]。そして、その当事者であるウォーカーは、CNT においては第 2 章でも登場した KIO と MI という 2 つの全国団体によって代表されている。以下、この 2 つの団体がどのように農村アクセス問題を捉えているかを検討してみよう。

　まず KIO であるが、前章でも述べたように、彼らは共有地分割問題を契機として 1994 年に結成されたボランタリー団体であり、レクリエーション関連団体や環境団体および個人メンバーから構成されている[3]。KIO は、「数十年前までは土地を横切る人々に対して寛容な態度があり、カントリーサイドへのアクセスにはほとんど問題がなかったが、ここ数年でそれが変わってしまった」、「ウォーカーやその他のレクリエーション利用者に何世代にもわたって開かれていた多くの場所が、今や閉鎖されつつある」との問題認識のもと、レクリエーション利用者のためのアクセスの保護を求めて活動をおこなっている[4]。彼らの活動内容は、メディアへの発信や政府へのロビー活動が主であるものの、アクセスのブロックが起きている地域では、それに反対する人々に対して直接的な支援をおこなうこともある[5]。

　そして KIO は、農村アクセスをめぐる現状のアイルランドの法制度は、土地所有者に一方的に権力を与える不公平なものであると捉えている。また、政府によって奨励されている、土地所有者の許可に基づくレクリエーションアクセスについても、そのような許可は理由なしにいつでも取り消し可能で

2）　そもそもウォーキング活動をめぐる農村アクセス問題が CNT 発足の大きな背景となっていたため、2004 年からしばらくの間は CNT に参加するレクリエーション関連団体は、KIO と MI のみであった。その後、2010 年になってから、The Angling Council of Ireland と The British Horse Society Ireland という、ウォーキング以外のレクリエーション活動を代表する団体が CNT のメンバーとして追加招聘されたが、議論の方向性に大きな変化はもたらされていない。

3）　例えば、An Óige, the Catholic Guides of Ireland, the Friends of the Irish Environment, Scouting Ireland といった団体が KIO に加盟している。

4）　KIO のホームページより（http://www.keepirelandopen.org/issues.html　2017 年 7 月 31 日アクセス）。

5）　例えば、第 1 章で述べたウィックロウにおける公衆の歩く権利をめぐる 2 つの裁判では、訴訟に関わっていたウォーカーは KIO のメンバーでもあり、彼らに対して KIO は継続的な支援をおこなっていた。

あり、アクセスの保護にはつながらないと考えている。そのため、彼らが最終的に目指しているのは、イングランドやスコットランドと同様の、公衆アクセス権の法制化である。なお、KIO が求めている法的なアクセス権は 2 種類からなっている。1 つは、人家から離れた、放牧のみがおこなわれている土地（主に高地）に対して、公衆の法的な歩き回る権利を設定することである。ただし、人家の近くや、穀物が育てられている土地や、絶えず悪行の被害のある地域は、その限りではないとされている。また、この権利にカバーされた地域は現地および地図上に明記されるべきであるとしている。そして 2 つ目は、上記以外の土地（主に低地）に対して、公衆の歩く権利を設定することである。なお、これには散策に利用される環状道のほか、歩き回る権利でカバーされた土地や、アメニティエリアや、歴史・考古学的な場所にたどり着くための道も含まれている。

　また KIO は、大きな被害もないのにアクセスをブロックする農民や、公衆への法的アクセス権付与に強く反対している IFA などの農民団体に対しては、公衆の楽しみや観光産業に害を与えているという観点から非難をおこなっている。例えば KIO のホームページには、「手に負えない問題のほとんどは大西洋岸に沿って存在しているが、この地域はほとんどウォーカーが来ておらず、また問題がなければ観光地として山歩きやその他の野外レクリエーションを発展させるのに最適の場所なのである」という記述や、「農民団体の代表たちは中心的な問題に取り組むどころか、それをつかみ損ねている」といった記述が見られる[6]。

　以上をまとめると、KIO は主に「正義」という観点から農村アクセス問題に対処していると言えよう。だが、第 1 章で述べたように、私的所有権の優越性が強固であり、またアクセス権の存在についての合意が成立していないアイルランド社会においては、この正義の観点に基づく公衆アクセス権の法制化という KIO のアプローチは、広い支持を得るには至っていない。それどころか、彼らのアプローチは時に「攻撃的」と評されることも少なく

6）　KIO のホームページより（http://www.keepirelandopen.org/issues.html　2017 年 7 月 31 日アクセス）。

第 3 章　私的所有地のレクリエーション利用をめぐる作法

ないのである（Flegg 2004）。

　一方、CNT においてウォーカーを代表しているもうひとつの団体が MI である。前章でも述べたように、MI の設立は 1971 年にまでさかのぼるが、特に 1990 年代以降彼らはアイルランドの農村アクセス問題に深く関わるようになっていった。アクセスに関する MI のポリシーには若干の変遷が見られるが、2016 年現在の MI のアクセスポリシーにおいては、特に私的所有地へのアクセスに関するものとして、3 つの原則が述べられている。ひとつは、「開放的で囲われていない高地や海岸や川岸へのアクセスのための法的なフレームワーク」である。2 つ目は「駐車場や公道から開放的な土地へ向かうアクセス道のネットワーク」であり、これは「公衆の歩く権利、リースされた道、土地所有者と合意した許可道」などでありうるとされている。そして 3 つ目は、「すべてのコミュニティがオフロードへのアクセスを持てるようにするための、全国的なローレベルのトレイルネットワーク」である。つまり、KIO と同様に MI も、土地条件を踏まえつつ、歩き回るものと直線的なものという 2 種類のアクセスの保護を目指しているのである。

　ただ、KIO とは異なり、MI は公衆アクセス権の早急な法制化を求めてはいない。彼らは、将来の法制化の必要性に含みを残しつつも、現時点では「土地所有者や国家機関やレクリエーション利用者やその他の関連する団体とのパートナーシップ」によって「リーズナブルなアクセス」を達成するという方針をとっている。例えば、アイルランドの山歩き雑誌『Walking World Ireland』2012 年 1 月号に掲載された記事において、MI のアクセス・環境保全担当者（Access and Conservation Officer）は、現在のアイルランドにおいてウォーカーは法的なアクセス権を持っておらず、土地所有者の好意と寛容さによってアクセスが可能になっているということを強調している。そして、長年使用してきた場所でもアクセスを当然視せず、機会があれば土地所有者と話をしてアクセスが可能か確認すべきであると述べている。これに加えて MI は、「MI とそのメンバーは、土地所有者との良好な関係を発展させ、維持する。地元クラブや個人メンバーの補助や支持や好意が、この目的の達成には決定的である」とアクセスポリシーの中で述べており、地域レベルで利害関係者の対話の場が設けられている場合には、それに積極的に参

加するようメンバーに呼び掛けたり、MI の代表として地元クラブなどに属する人物などをノミネートしたりしている。

つまり、MI は KIO とは対照的に、主に「対話」という観点から農村アクセス問題に対処していると言えよう。ただ、序章で述べたように、農村アクセス問題の背景には、不特定多数の人々が多地点的にレクリエーション活動をおこなうという社会状況が存在する。そして、そのような状況においては、すべての地点へのアクセスを対話でカバーするということは容易ではない。また、近年活動が停滞している CNT に代表されるように、対話の観点に基づいたパートナーシップというアプローチは、アイルランドにおいてはしばしば行き詰りを見せている。

以上のように、全国団体のレベルにおいては、ウォーカーの農村アクセス問題を捉える観点は、主に正義と対話の 2 つに分かれている。ただ、KIO と MI のこのような立場の違いは、当初から存在したわけではなかった。1994 年に KIO が設立された当時、MI は KIO への加盟団体のひとつであった。というのも、設立当初の KIO は、農民団体などとのパートナーシップを奨励する立場をとっていたのである。そのため、例えば 1995 年に KIO はアイルランドの丘陵地に関わる利害関係者を一同に集めた会議を主催し、レクリエーション利用も含めた丘陵地をめぐる様々な問題について、パートナーシップ構造を通じて解決していくことを模索した。あるいは、そのような試みの延長線上として、首都ダブリンから多くの人々がレクリエーションに訪れるウィックロウ県の丘陵地において 1997 年に設立された Wicklow Uplands Council という多様なアクターによる対話の場に対して、KIO は継続的にその活動をサポートしていた。

しかし、KIO はその後、対話を重視する路線から公衆アクセス権の即時法制化を求める路線へと次第に舵を切っていった。1998 年には、「歩く権利」や「歩き回る権利」も含めて KIO の立ち位置が再検討されるようになり、その後 2001 年秋号のニューズレターでは、「我々は自発的アプローチに反対ではないが、長期的には法制化なくしていかにしてカントリーサイドへのアクセスが保障されるのか不明だ」として、パートナーシップよりも 2 種類のアクセス権の即時法制化を求めていく立場が明言された。この経緯に

関してKIOのチェアマンは、2002年の新聞投書において、KIOが当初は農民との対話を目指していたことを認めつつも、「何年もの間、KIOはIFAと地域的にも全国的にも会おうとしてきたが、ウィックロウを除いては、『我々は我々の持ち物を保持する』と言う態度に会ってきたのだ」と述懐し、農村アクセス問題を解決するためには法制化しかないとの主張を展開している[7]。

だが、このようにアクセスの権利を主張する路線へとKIOが傾いていくにつれて、公衆にそのような権利を付与することに反対するIFAなどの農民団体との間で、対立関係が深まることとなった。そのような状況に対して、当初の対話路線の継続を望むMIは、「KIOの目的には同意し、適切な時にはその目的の追求に対して支持をおこなうが、KIOの取るあらゆる行動と我々が自動的に結び付けられるのは適当ではない」[8]として、2001年にKIOからの脱退を表明し、以後袂を分かつようになったのである。

なお、このようなKIOとMIの間の立場の違いを良くあらわしているやり取りが、アイルランドのアウトドア雑誌『Outsider』の2006年4/5月号の投書欄に掲載されているので、その内容を要約して紹介しよう。これはKIOの著名なキャンペイナーと当時のMIのプレジデントのやり取りである。このやり取りにおいて、まずKIOのキャンペイナーは次のように主張する。

> ウォーカーは法的権利を持たず、土地所有者は理由もなくウォーカーを追い返す権利を持っているという状況は、通常なパートナーシップとは言えない。我々は何十年も伝統的な歩き回る権利があると思ってきたのに、農民を怒らせるからそのことを持ち出してはいけないと言うのか。MIはウォーカーのために何もしていないどころか、むしろウォーカーの士気をくじいている。

このような批判に対し、MIのプレジデントは次のように返答している。

> 関係者がお互いに話し合わないのでは問題は解決しない。MIは土地所有者などと協働して、リーズナブルなアクセスを達成する。アクセスに関して法的な解決は必要かもしれないが、それは達成に時間がかかる。短期的には、合

---

7) IT, 2002/8/29
8) IML, 2001/Spring

意によってアクセスを確保し続ける方が好ましい。これがやがては法制化への基盤を作っていくかもしれない。

このようなかたちで現在に至るまで、MI と KIO は同じウォーカーの代表という立場でありながら、アクセスをめぐる互いの方針について厳しく批判しあう関係となっている。しかし、先述のように「正義」あるいは「対話」という両者の対処アプローチは共に限界も抱えており、アイルランドの農村アクセス問題への対処としては必ずしもうまく機能していない。では、これらの全国団体の主張と比べて、実際に農村アクセスに問題を抱えた現場のウォーカーはどのような対処をおこなっているのだろうか。

3 地元クラブによる対処

本章では、第1章でも紹介した本書のフィールドワーク地域の中心都市ノースポートに本拠をおく登山クラブ（以下特に記述がないかぎり「クラブ」とのみ表記）の活動を取り上げ、彼らの実践について検討したい[9]。クラブは7月と8月を除く毎週日曜に、この丘陵地帯での山歩きを中心としたウォーキング活動をおこなっている。2009年11月から2010年10月の一年の間では31回のウォークがこの丘陵地帯でなされており、これらのウォーク参加者の平均人数は21.5人（最大53人、最少5人）であった。なお、どこでどのようなウォークをおこなうのかについては、クラブ内に設置されたカレンダー委員会が毎年1回メンバーの希望を集計して決定しており、10月末におこなわれるクラブ総会の場において次年度のカレンダーが発表される。

ここで、クラブがおこなっているウォークの様子を簡単に紹介しておこう。

---

[9] なお、第1章で述べたように、フィールドワーク地域にはこのほかにも山歩きをおこなうクラブがいくつか存在しているが、本章で取り上げるクラブほどの規模や活動頻度を有してはいない。また、それらのクラブの山歩きの内実やアクセスをめぐる対応も、本章で述べるものとそれほど大きくは異なっていない。

第 3 章　私的所有地のレクリエーション利用をめぐる作法

写真 3-2　近辺に複数の車を停められる場所のないアクセスルートを利用する場合、クラブは対話関係を築いている農民の家の軒先に駐車をさせてもらうこともある。

毎週日曜のウォークは、ノースポートにある大規模資材店の駐車場にメンバーが集合するところから始まる。集合時間は目的地に応じて朝9時から10時45分までの間で設定されており、だいたいその時間になったところでウォークの目的地へと向かうことになる。なお、この集合場所まではほとんどのメンバーが自家用車でやって来るが、そこからウォークの目的地までは車をシェアして向かう。これは現地に停める車の台数を減らそうという配慮のためであるが、1990年代初頭までは自家用車を持っている人が少なかったため、必然的にシェアせざるを得ない状況であったという。

　ウォークの目的地のバラエティは、毎年のカレンダーでそれほど大きな変化はない。そのため、このウォークであればこの場所に駐車するというように、現地での駐車場所はメンバーの間でほぼ了解されている。駐車場所はそのウォークで用いるアクセスルート付近に存在し、正式な駐車場の場合もあれば、大きめの路肩に停める場合もある。また、稀ではあるが農民の家の軒先に駐車させてもらうこともある。ただ、車をシェアしているとはいえ、メンバー数の増加によって以前よりも現地に停める車の数が増えたため、ここ10年ほどの間で駐車場所には多少の変化が見られるという。

　そして、駐車場所に車を停めると、各自は専用のウェアに着替えたり、ブーツに履き替えたりしてウォークの準備をした後、アクセスルートへ向けて出発する。なお、第1章で述べたように高地に向かうアクセスルートの多くは、自治体あるいは政府機関の所有する道か、地元住民が共有あるいは私有する農道か、私有地上の道なき道である。そして、そこに入るにはしばしば農業用のゲートを開ける必要がある。そのため、そのゲートを最後に通る人は、農地内にいる羊がそこから逃げてしまわぬよう、ゲートの閉め忘れがないかの確認をおこなう。

　その後、傾斜のきついアクセスルートをしばらく登ると、目の前には泥炭やヒースなどに覆われた開放的な高地が広がってくる。そこからは、主に頂から頂へと進みつつ高地を歩き回り、そこからの眺望やメンバーとの社交を楽しむ。そして、正午頃になると適当な場所に座って全員で昼食をとる。その後、午後も引き続き高地上で山歩きを楽しみ、夏場は午後5時、冬場は午後4時頃には、行きと同じアクセスルートか、別のアクセスルートを用

第 3 章 私的所有地のレクリエーション利用をめぐる作法

写真 3-3 これまで使ってきた農地であれば、ゲートを開けてそこに入っていくことは、ウォーカーの間では特に問題のある行為とは捉えられていない。

いて山を降りる。なお、行きとは別のアクセスルートを用いた場合には、そのアクセスルート付近の駐車場所にあらかじめ車を一台用意しておき、それを使って運転手たちが出発地の駐車場所まで自分の車を回収しに行く。そして、再び車をシェアして全員がノースポートの大規模資材店まで戻ってくるという流れになっている。

　本章で依拠するデータは、このようなクラブの活動への参与観察とクラブ内外でアクセスに関する何らかの事象に携わったことがあるクラブメンバー7人へのインタビュー[10]であり、彼らの間に立ちあらわれてくる行動や語りの様式について取り上げる。なお、このクラブのメンバーのほとんどはノースポートの住民であるが、隣県や少数ではあるが首都ダブリンに住居を持つ者もおり、実際インタビューをおこなったメンバーのうちの1人も、ノースポートからはやや離れた県内地域に居住している。また、クラブは1979年以来MIに加盟しており、そのためクラブメンバーは全員MIの会員証を有している。

　まず、インタビューをおこなったメンバーらは、アクセスに関してKIOやMIと同様2種類に分けて捉えている。すなわち、低地から高地へのアクセスルートと、高地で歩き回ることという2つである。そして基本的に彼らは、前者のアクセスは農民の許可によるものだが、後者のアクセスについてはその権利を自分たちは有していると考えている。高地についてアクセスの権利があると考える根拠として彼らが上げるのは、高地は家屋や集約農地などからは離れており、農民の財産に被害を与える可能性がないこと、高地は共有地であることが多く、その場合各農民は何分の一かの所有権しかもっていないので自分たちをブロックできないであろうことなどである。

　そして、クラブの農村アクセスへの対処も、基本的にはこの2つの区分に沿ってなされている。クラブにおいてアクセス対処の中心を担っているの

---

10) この7人はクラブの活動への参与観察に基づいて選択された。クラブは約90人のメンバーを有しており、各人の活動への参加の度合いは様々である。また、アクティブなメンバーでもアクセスに関する事象に携わったことのある人は決して多くない。例えば2003年度から2008年度までクラブの会計を務めた女性は、「そういう面倒なことは他の人たちに任せたい」と語っている。

はミホールさん[11]である。彼は早期退職するまでの37年半の間、ノースポートの資材店で働いていた。この店には、丘陵地帯近隣の多くの村落の農民が農業関連資材を購入に来ており、そこでの仕事を通してミホールさんは彼らと顔見知りになっていった。そのため、彼はアクセスルートを所有する農民の多くと連絡関係を持っており、そのルートの使用に際して何らかの問題要素がある場合、事前に農民にクラブの活動を伝えたり、あるいは農民からの情報をクラブの活動に反映させたりする。例えば2010年2月に予定されていたある山歩きは、その直前に場所を変更するとの通達がクラブ役員からメンバー全員になされたが、これはその場所のアクセスルートを所有する農民たちがウォーカーのアクセスをめぐって内輪もめをしているようなので避けたほうがよいというミホールさんの助言によるものであった。また、ミホールさんはクラブのカレンダー委員会にも加わっているため、次年度のウォークの予定を作成する際には、アクセスに関する彼からの助言が参考にされる。

　なお、先述のようにクラブメンバーたちは、アクセスが問題となるのはアクセスルートのみであり、山歩きのためにはそこを所有する農民の許可があればよいと考えている。そのためミホールさんは、この地域で農村アクセス問題が激化した2000年代半ば頃には、それらの農民たちに口頭で許可を確認したという。ただ、アクセスルートが多数の農民に共有された農道である場合には、誰に連絡して良いかわからないため、許可を確認することはほとんどないともミホールさんは語っている。

　以上のようにクラブは、高地については「歩く権利がある」と認識する一方で、アクセスルートに関しては農民と対話関係を構築する志向を持っている[12]。ただし、彼らはこの丘陵地帯のアクセスルートを所有する農民全員を把握しているわけではない。例えば2009年度のクラブの総会において、農民たちに日ごろの感謝をこめてクリスマスプレゼントを贈ってはどうかとの提案がメンバーの一人からなされたが、これは「良い考えだが、誰かに送り

---

11) 50代・男性・クラブの創設メンバーの一人。1980年代から2012年度までクラブの書記を務めた。

写真 3-4　周辺の農民によって共有されている農道を用いたアクセスルートの例。このような道は、高地にまで至ると次第に消えていく。

忘れると問題になってしまうかもしれない」との理由で却下されている。つまり、クラブメンバーはアクセスルートを所有する農民と対話をおこなう志向は有しているものの、それが完全に達成されているというわけではないのである。

4 閉じられたアクセスと開かれたアクセス

　他方で、このようなクラブと農民の間の対話関係は、時に「閉じられたアクセス」を生むこともある。例えば、2004年頃それまでクラブが使っていたアクセスルートのひとつに「私有地」との看板が建てられ、以来クラブはこのルートを使うのを避けている。しかし、その場所にはもうひとつ古い農道があり、あるクラブメンバーの弟がその土地を所有している。そのため、クラブがこの場所に行く際には、ルークさん[13]がこのメンバーを通じてその道の通行許可をもらっている。だが、この農民は誰もがそこを行き来する事態は望んでいないため、ルークさんはウォークの前に、これは一日だけのアレンジメントであることを参加メンバーに告げて、後で彼らが自分たちだけでそこに来ないようにしている。このようなアクセスは、個人や地域外からやってくる団体など、クラブの外にいる人々にとっては極めて得にくいものであり、そこでは農民とクラブの間に排他的な関係が生みだされている。

　ただ、このような言わば「閉じられた」アクセスは、公衆に広く「開かれた」アクセスを達成しようとする先述のMIやKIOの立場とは相容れない

---

12) このような対話関係の構築にはクラブと農民との地理的な近接性が大きく作用していることは間違いないが、それは必要条件というわけではない。例えばある農家女性は、北アイルランドからこの丘陵地帯に定期的にやってくるウォーカーが、彼女の土地を通る時にはいつも家を訪ね、ワインを一本手渡してくれることを好意的に語っている。ただ、ウォーカーによるアクセスのほとんどは匿名的なものであり、一部の人々がつくるこのような対話関係は、これまでのところ大きなダイナミズムを生み出してはいない。

13) 40代・男性・1990年クラブ加入。1990年代から複数回クラブの会長を務め、2006年度から2012年度の間も会長職にあった

ものである。例えば MI のアクセス・環境保全担当者は、「MI が現場に出て行ってアクセス問題を解決するリソースはない、我々は地元のクラブが解決するのを手助けするだけだ。我々はどうすべきかについての現場の力と知識を信用している」として、地元クラブによる農民との対話が公衆に開かれたアクセスへとつながることを期待する[14]。そのため、上記のような閉じられたアクセスについては、「我々は地元クラブにそういう議論をしてほしくない、自分たちのクラブだけでなく、より広い組織のエージェンシーとして動いてほしい」と批判的に語っている。また KIO は、2007 年秋号のニューズレターにおいて、「ダブリンの外側にあるウォーキングクラブの多くは屈辱的な現状に屈服し、地元クラブだけに地元の丘陵を歩くことを許すような土地所有者の『好意』を受け入れている」と述べ、「このようなおこないは、自分勝手で、近視眼的で、アクセス問題の大きさを覆い隠してしまう」として、MI よりも強い調子でこのような閉じられたアクセスを非難している。

しかし、ノースポートの登山クラブは単に自分たちだけ山歩きができればそれでよいと考えているわけではない。例えば、クラブはしばしば行政によるウォーキングイベントなどでボランティアとしてウォークを先導することがある。そして、インタビューをおこなったメンバーは皆、この丘陵地帯でそのような山歩き関連のボランティアをした経験を持っており、そのことに充実感を感じている。例えばヌーラさん[15]は、このようなボランティア活動について、「私は人々にどんなにこの地域が美しいか見せたいの。みんな高いところを怖がるけど、私はそんな人たちを山へ引きずっていって、『崖から景色を見下ろしてごらんなさい』って言うのよ」と積極的な姿勢を見せている。そして、こういったイベントの結果、近年ノースポートでは新たなウォーキングクラブも結成されている。つまり、彼らはクラブ内だけで山歩きの経験を完結させているわけではなく、より広い人々ともそれを共有する志向を有している。

---

14) 2010 年 4 月 27 日インタビュー。
15) 40 代・女性・1991 年クラブ加入。2000 年代半ばに、農村アクセス問題に関するクラブの地元新聞への投書や政府への提案書を執筆した。

これに加え、折に触れてクラブやそのメンバーは、農民との対話を通じて公衆のアクセスを確保しようと尽力することもある。例えば、2010年に生じたアクセスルートのブロックに関して、パトリックさん[16]は県の建築課にいたころの道路工事の仕事を通じて、その土地を所有する農民を個人的に知っていた。そのため彼は「自分に何かできることがあるかもしれない」と思い、この農民の所にもう一度アクセスを公衆にオープンにできないかと話し行った。また、次章でも詳しく検討するように、この丘陵地帯では農村アクセス問題の深刻化を受けて、2003年から数年間にわたって、数名の有志の農民、2つの県の社会振興局、観光関係者などが集まり、問題解決のため話し合う会合が散発的に開かれた。その折にミホールさんは、クラブそしてウォーカーの代表としてそこに参加し、農民に対してウォーカーが無害であることを訴えた。以上のような試みは、人的・財政的資源の不足によるシステム構築の困難という問題によって、いずれも不首尾に終わったものの、クラブやそのメンバーが、MIが望むような公衆全体のための対話もおこなっていることを示している。

だが他方で、農民と対話関係を持たない他の多くのウォーカーと同じ立場にクラブ自身がおかれる場合も少なくない。例えば、クラブは創立時から現在まで、この丘陵地帯以外の他地域の丘陵にも毎年何度も山歩きに出かけている。しかし、その場合に彼らがその地域のアクセスルートを所有する農民と顔見知りであることはほとんどない。単に彼らは、その場所を定期的に訪れることを通じて、そこにアクセス問題が存在しないことを知っているだけである。あるいは、クラブが地域外の新しい場所を歩く際には、以前にそこを歩いたことのあるメンバーからの助言や口コミ、山歩きのガイドブックの記述、あるいはMIが時折会報に掲載するアクセス問題についての情報などが参考にされるという。この場合にも、彼らは現地の農民と対話する契機をほぼ持たず、ただアクセスをおこなうだけの存在にすぎない。

---

16) 60代・男性・1977年クラブ加入。定年までノースポートが所在する県の建築課に務め、その間にはクラブの協力を得て県内の全国標識道の設置にも携わった。

5 あるべき姿としての「農民との良好な関係」

　上記のようなクラブやそのメンバーの行動は、MI のような立場からすれば中途半端な対話志向と映るかもしれない。彼らは地元丘陵地帯のアクセスルートについてはある程度農民との対話をおこなっているが、それは完全ではないし、高地については「歩く権利がある」と捉えてその必要性を感じていない。また、クラブの作る対話関係は時に排他性の高いアクセスを生み、公衆のアクセスとは離齬をきたす事態を招く。しかし同時に、彼らは公衆の利用についても考えており、農民との対話から公衆アクセスを達成するための試みもおこなう。他方、この丘陵地帯外では彼らは農民との対話の契機をほとんど持たないままアクセスする。だが、これらの行動の間に矛盾はないかとメンバーに尋ねても、「自分たちだけ特別扱いだとは思わない」とか「問題の解決には国レベルの施策が必要だ」といったように、なかなか的を射た答えが得られない。

　他方で、インタビュー等においては、クラブメンバーから「農民との良好な関係」という表現がよく聞かれ、「我々は 30 年以上農民と良い関係を築いている」といった語りがなされる。そして、そのような「良好な関係」に反する存在として、彼らは KIO を「攻撃的すぎる」として批判的に捉えている。さらに、彼らのそのような論理は、自分たちに歩く権利があると捉えている高地にまで適用される。例えば、第 1 章で述べた暴力事件を起こした農民は、その当時アクセスルートと高地を私有していたが、クラブはその高地部分を歩くことも控えた。ルークさんによれば、その頃 KIO からコンタクトされ、この農民の土地でプロテストウォークをおこなわないかと提案されたが、クラブはそれを断ったという。これについて彼は、「摩擦を起こしたくはない。我々はクラブとしてそういうことは決してしてこなかったので、KIO の抗議運動に参加してクラブの名前を貶める理由はない。35 年も農民と良好な関係を持ってきたのだ」と語る。つまり KIO とは異なり、彼らは「歩く権利がある」と考えることと、その権利を正義の観点から主張していくことを必ずしも結びつけないのである[17]。

第3章 私的所有地のレクリエーション利用をめぐる作法

写真3-5 私有地上の道なき道を通るアクセスルートの例。ただ、ウォーカーはすでに存在する道を使って高地にアクセスすることのほうが多い。

メンバーたちがこのような言動をおこなうのは、結論を先取りして言えば、彼らがこの「農民との良好な関係」を山歩きの本来あるべき姿の重要な要素として捉えているためである。そのことを示す代表的な語りとして、ショーンさん[18]と筆者の会話を以下で見てみよう。なお、ここで出てくるXチャレンジとは、1995年から2003年までこの丘陵地帯でクラブが主催していた長距離山歩きのイベントであり、そのルート上で起こったアクセス問題のため、2004年以降は開催されていない。

> ショーンさん：「歓迎される限りにおいてその場所に行く、それが大事なんだ。レクリエーション利用者として対立を避ける、それが基本原則だ」
> 筆者：「どうしてKIOのようにアクセスの権利を主張しないのでしょうか？」
> ショーンさん：「なぜかは説明できないよ。たぶん僕たちはそういう風に育ってきたのさ。（…）登山も、最初の頃は僕たちが歩いてきた場所で、例えばXチャレンジの予行を『ラーギー（Largy）』だか『鷹の岩（Hawk's Rock）』だかでやった時、そこに僕がしばらく立っていると、年取った男がゲートのところにやってきて、僕が誰なのかとか何をやっているのかとか聞いてきた。それから彼は何時間もしゃべって、そこの地域について教えてくれた。いつもそういう歓迎があったんだ。そういう歓迎のある地域で育ってきているから、今起こっている対立は理解するのが難しいな」

　ここでショーンさんは、「そういう風に育ってきた」あるいは「いつもそういう歓迎があった」といった言葉で、山歩きとは本来農民との対立を引き起こさず、彼らからも受け入れてもらえるはずの活動であるという思いを表明している。そして同時に、そのような山歩きには時に農民との友好的な出会いややり取りが付随しており、それがウォーカーの楽しみをいっそう増やしてくれると考えられているのである。

　このような、かつて存在していた、あるいは現在も存在する「農民との良

---

17) ただ、クラブメンバーたちはいずれも、この農民がアクセスをブロックするため暴力に訴えたということについては批判的に捉えている。
18) 40代・男性・1987年頃クラブ加入。2011年度に新設された環境オフィサーとして、年一回のクラブがよく使うアクセスルートの掃除をマネージメントする。また、ノースポートに拠点を置くスカウト組織の指導者としても長い経歴がある。

第 3 章　私的所有地のレクリエーション利用をめぐる作法

好な関係」は、山歩きにまつわる良き経験として、ショーンさん以外のメンバーたちからも、しばしば積極的に語られる。例えば先述のミホールさんは「昔は我々が山から戻ってくると農民がお茶を用意してくれていたこともあったし、『そこの道には車を止めないでくれ』と言って農場内に車を止めさせてくれたこともあったんだよ」とインタビューの中で話しており、またパトリックさんも「以前は農民も我々を見て喜んだものだ。『君たちは便利だ。自分はいつも山にいれるわけではないから、羊が困っていたら君たちが助けてくれるだろう』と言ってくれた農民もいたよ」と語る。あるいはヌーラさんも、自分が知っている農民の名前を挙げながら、「あの農民はとても親切で、いつも私たちが行くと庭先での駐車を許してくれる。彼は山歩きの人たちが好きなのよ」と語っている[19]。

　もっとも、現在この丘陵地帯は複数のアクセス問題を抱え、クラブといえどもアクセスできない場所が少なからず存在しており、ウォーカーと農民の間には必ずしも友好的な雰囲気があるわけではない。だが、彼らはこの「農民との良好な関係」を山歩きのあるべき姿の一部として捉え、アクセスについての声高な主張よりそちらを達成することを重視しているのだ。このため彼らは、クラブが加盟している MI の、農村アクセス問題について農民とのパートナーシップを重視する対処アプローチを高く評価している。例えば、先述の農民による 2 度目の暴力事件に伴ってこの地域でアクセスをめぐる雰囲気がもっとも厳しくなった 2004 年に、クラブは自分たちの立場を公に表明するため地元新聞への投書をおこなった。そして、その投書では「レクリエーション利用者であることは、我々が農民に何も関心を払わずに土地を楽しむだけの都市住民であることを意味するものではない」、「特定の地域を横切らないでくれと頼まれれば、我々はいつでもその土地所有者の願いを尊

---

19)　なお、このような農民との友好的なやり取りについての思い出は、この丘陵地帯で起きたこととは限らず、また山歩きとは異なるレクリエーションの文脈でも同様に語られることがある。例えばキアランさん（50 代・男性・2005 年クラブ加入）は「若いころにテントを持って西部にサイクリングに行ったとき、農民に『一晩キャンプしてもいいですか』と聞いたら、みんな『構わないよ』と言ってくれたんだ。それでお茶をごちそうになるくらいだったよ」と話している。

重してきた」といった文言とともに、MI やそのアクセスをめぐる方針が何度も言及され、クラブがその傘下にあるということが強調されている。そして、投書は「クラブは地元の農業コミュニティとの長年の良好な関係の継続を望んでいる」という文章で締めくくられている。

しかしながら、この「農民との良好な関係」という論理は、先述の排他性の高いアクセスもそこに含みうるものである。例えばエトナさん[20]は、KIO が地元クラブによる閉じられたアクセスを批判していることに関して、以下のように応答する。

> 私たちはちょっと自分勝手かもしれない。でも、農民が私たちを土地に入れてくれていて、私たちはそれに感謝して歩き、楽しい日を過ごし、農民と良い関係を持つ、それを KIO を支持することで壊したくないわ。自分勝手な理由だとは思う、私たちの楽しみのためだもの。

つまりここでは、たとえ他の人々の利用が制限されていても、農民と対立せず楽しく過ごせているという点で、山歩きのあるべき姿が満たされていると考えられている。だが他方で、農民との対話から公衆のアクセスを達成しようという試みも、この「農民との良好な関係」という同じ論理が満たされている行為なのである。加えて、この「良好な関係」とは、農民との対話関係の構築を必ず伴うというものでもない。先述のショーンさんの語りが示すように、そこにはたまたま現地で出会った見知らぬ農民との友好的なやり取りも含まれている。そして、クラブがアクセスルートを所有する農民を必ずしも把握してこなかったという事実からすると、たとえ農民と出会わなくとも対立なくアクセスができているという状態も、この論理の中に含まれると考えられる。そのため、クラブメンバーが「歩く権利がある」と考えて基本的に農民との対話を志向しない高地や、対話の契機がほとんどない地元丘陵地帯以外へのアクセスなどにも、この「良好な関係」という論理は適用可能なのである。

---

20) 40 代・女性・1990 年クラブ加入。ショーンさんと共にクラブの環境オフィサーを担当。2012 年からはこの丘陵地帯で登山ガイドのビジネスを始める。

第 3 章　私的所有地のレクリエーション利用をめぐる作法

　以上をまとめると、農民との直接的な接触を伴おうが伴うまいが、権利があると考えている場所であろうがなかろうが、閉じられたアクセスであろうが開かれたアクセスであろうが、いずれにせよ農民と対立することなく受け入れられ、時に彼らとの友好的なやり取りも生むという、あるべき姿の山歩きであることがメンバーたちにとって重要なのだ。このため、先述の一見首尾一貫しないような諸行動がメンバーたちの間で大きな違和感を生じさせることなく併存し、時として彼らが評価する MI の方針と齟齬をきたす事態が生み出されてくるのである。

　もっとも、メンバーたちは農民によるアクセスのブロックに対して、何も感じることなく諾々と従っているわけではない。彼らはしばしばアクセスのブロックを「悲しいこと」と表現し、言わば「あるべきでない状態」と捉えている。そのため、クラブがブロックに直面した場合には、農民との関係を損なわないようアクセスを控えるものの、時に一方的に山歩きの本来の姿を崩してしまうそのような農民の行為について、メンバーたちはしばしば不満やぼやきなども表明する。例えばルークさんは、アクセスのブロックによって中止に追い込まれた X チャレンジをめぐって、「農民の息子にでもバスドライバーをやらせれば我々はその人を雇うのに、そういうことはせずに農民たちは『あいつらは金を儲けている』と言うんだ」と農民の行為を批判的に捉えている。あるいはパトリックさんも、山歩きによる地域の振興が可能だと述べつつ、「他の地域では農民はウォーカーを見て喜ぶのに、この地域では個人が先行してみんなの利益を考えていない。一人の個人が社会にとって良いことを止めてしまう」と語っている。

　また彼らは、農民によるアクセスのブロックがおこなわれても、何らかの「抜け道」を見出してアクセスを継続することもある。例えばヌーラさんは、アクセスがブロックされていると思われる場所にも、クラブとしてではなく夫と 2 人でならば、山歩きに行ったことがあるという。これについてヌーラさんは、「農民は大勢で来れば嫌がるだろうけど、少人数であれば構わないと思うから」と話す。あるいは、X チャレンジが中止になった後でも、しばらくの間クラブはブロックをおこなった農民の土地を山歩きに使っていた。エトナさんによれば、X チャレンジの問題はバスでたくさんの人々がやって

117

きていたことだったので、クラブで利用するぶんには構わないと思って使っていたという。ただ、後にその農民から自分の土地にウォーカーは来てほしくないと言われたため、クラブでも行かなくなったとのことである。このように、「農民との良好な関係」を重視する対処とは、少なからぬ葛藤もはらみながら、現場で実践されているのである。

6 楽しみを大事にすることそれ自体に、他者と向き合う可能性を見る

　以上のように、本章で事例とした登山クラブのアクセスへの対処は、あるべき姿の山歩きと彼らが考えるもの、言いかえれば彼らの抱いている理想を重視する観点からおこなわれている。そして、そのような彼らの理想は、山歩きをめぐる自分たちの楽しみに準拠したものであり、それによって橋本和也が観光経験について述べているような「自分なりの『真正なものがたり』」が構成されている（橋本 2011）。その意味で、彼らの実践はある種の独りよがりのようなものかもしれない。しかしながら、その理想を構成する「農民との良好な関係」という論理によって、農民たちの見解もある程度汲みとるような空隙がそこには作られている。

　このようなクラブの実践は、アクセスがなされる地点ごとに対話やシステムが成立したりしなかったりする一方で、問題における不正義を明白に指摘することも難しいという、農村アクセス問題をめぐる事態の中で、不特定多数の農民とできるだけ共存しつつレクリエーションをおこなっていくための作法として現場で機能している。つまり、ある地点では農民と対話し、時に彼らとの協働も試みるが、別の地点ではそれらをおこなわなかったり、その契機を持たなかったりして匿名の利用者になるといったように、地点ごとに自らの立ち位置や状況が変わっても、この「農民との良好な関係」という論理はそれに左右されることなく、顔見知りの農民に対しても、たまたま出会う農民に対しても、そして出会うことのない農民に対しても一定の配慮を遂行しつつ[21]、できるだけこれまで通りアクセスをおこなっていくことを可能

にしている。これは、法的なアクセス権によって農民の見解に従う必要をなくそうとする KIO の対処アプローチとも、農民の私的所有権に従ってできる限り対話をおこなっていこうとする MI の対処アプローチとも異なり、私的所有権の存在や直接的な対話の成立には必ずしも拘泥しないが農民の見解を尊重する余地も作るという、ウォーカーの現場での活動に即した対処アプローチである。そしてさらに言ってしまえば、本章で述べた現場のウォーカーの実践は、アクセスをおこなう土地を所有している人物が「農民」であるか否かを厳密に問うようなものでもない。つまり、ウォーカーたちは「農民との良好な関係」という言葉を使ってはいるものの、これは広く「他者」へと開かれた構えであると言えるだろう。

　もっとも、本章はこのように述べることでレクリエーション全般を無条件に賛美しているわけではない。先述のメンバーたちの抱く山歩きについての理想は、現場での偶然の出会いにせよ何らかの対話の場を通じたものにせよ、農民と直接接触した経験の影響を受けつつ出来上がってきたものである[22]。だが、丘陵地は一般に広大で、物見遊山などで一過的に山歩きをおこなう者が農民と接触することは稀であり、ある程度反復的かつ継続的に山歩きをおこなっている場合にしかそのような経験を十分持ちえない。すなわち、「農民との良好な関係」を理想の山歩きの一部と捉えるには、ある程度までその山歩きが日常的実践となっている必要がある。加えて、そのように活動が反復的かつ継続的なものだからこそ、「農民との良好な関係」を維持することが重要になってくるという側面もある。特に、ひとつの地域をベースとしつ

---

21) ただし、このような配慮とはあくまでもウォーカーが自身の「あるべき姿の楽しみ」を希求する過程において、結果的に達成されていくものである。そのように自己準拠的な行為ゆえに、例えば農民との対話の成立などが必須とはされず、結果的に従来形式を保って活動を続けていくことにつながっている。

22) ただ、クラブの加盟する MI が農民とのパートナーシップを提唱しているなど、実際の経験の他に言説的な影響も皆無ではないだろう。また、今のところアクセスをめぐる事象に関わるメンバーは皆、この地域で農村アクセス問題が激化する以前から山歩きをおこなっているが、クラブでは問題の深刻化以降に山歩きを始めたメンバーも徐々に増えてきており、世代交代とともに彼らがアクセス関連のマネジメントに携わるようになれば、何らかの異なる傾向が生じてくる可能性もある。

つ毎週末の山歩きを毎年続けていく必要のあるノースポートの登山クラブの場合、その重要性はより大きなものとなるだろう。

ただし、先述のようにこのクラブの実践は、基本的に山歩きの経験から発露してくる楽しみに準拠したものである。この意味において、KIO や MI のような「正義を達成せねばならない」とか「対話をおこなわねばならない」といったアクセスをめぐる原則論的な観点と、現場での山歩きの経験にもとづいたクラブメンバーらの語りや行動の様式は異なった位相にある。これに加えて、そのような現場のウォーカーの作法は、自然資源のレクリエーション利用についての質的研究がこれまで焦点を当ててきたような地域コミュニティとは別のところで生成されているため、個別的な地域生活の論理に必ずしも回収されることなく、不特定多数の農民を相手にした多地点的な展開が可能となっているのである。

つまり、本章で描いたウォーカーたちの実践は、楽しみというレクリエーションの論理それ自体に、他者——それは実際に出会う人だけでは必ずしもない——との共存を可能にするような志向性が内在していることを示している。そして、この志向性は先述のように反復的・継続的な日常的実践を基盤にしつつ、レクリエーション活動とともに多地点的に展開され、農村アクセスに際して一定の対処能力を発揮しうるのである[23]。ただ、実際の現場においても、KIO や MI と同様の姿勢を持つ利用者や、そもそもマナーの悪い利用者などが多かれ少なかれ存在することは否定できない。つまり、本章で述べたような対処は、農村アクセス問題全体を解決するための魔法の杖とはなりえない。また、本章のウォーカーたち自身もアクセスの現状について葛藤を抱えつつ実践をおこなっているのであり、彼らはしばしば問題の解決のためより効果的な対話の場やシステムが構築されることを期待している[24]。よって、本章の議論は農村アクセス問題の現状に対して何もする必要はないと主張するものではない。ただ、そのこととは別に本章は、レクリエーショ

---

23) この対処能力は、本章の事例のように人々が「あるべき姿の楽しみ」を希求する過程などにおいて、副産物的に達成されるものであろう。しかし、そのようなある種の「コンヴィヴィアリティ」が「結果としての環境保全」につながることは、環境研究においてしばしば重視されてきた（関ほか 2009）。

ン利用者の活動の多地点性を踏まえながら、その現場での経験から生みだされてくる、不特定多数の他者に開かれた構えを描くことによって、彼らの実践が有している可能性の一端を示すものなのである。

---

24) 例えば、2006 年にクラブは CNT に対して「ディスカッションドキュメント」を提出している。そこでは、この丘陵地帯の主なアクセスルートを図示したうえで、それらのルートを所有する農民との合意のもとでアクセスのためのインフラを整備していくことが提言されており、「CNT はゲートや踏み越し段の設置のためにファンドを出し、公衆や土地所有者に情報提供をしなければならない」と書かれている。

山岳レスキューは地域に住むウォーカーから構成されており、遭難者の迅速な救出のため定期的に訓練をおこなっている。丘陵地ではレスキューは一列に並んで前進し、網羅的な捜索をおこなうが、遭難者に関する情報は時に農民からももたらされるという。

第4章
対話の場の限界と非常事態の生みだすもの

第 4 章　対話の場の限界と非常事態の生みだすもの

1　他者の環境認識はいかにして承認されうるのか

　序章でも述べたように、本書の研究対象である農村アクセス問題とは、農村地域の土地をめぐる土地所有者とレクリエーション利用者の間の対立的状況である。そして、しばししばこの土地所有者とは――アイルランドの場合がそうであるように――農村で農業をおこなっている人々である。したがって、農村アクセス問題は、土地をめぐる「農業」と「レクリエーション」という異なる利用形式の間で生じてくることが少なくない。そのため、このような問題を考察する際には、利用対象となっている土地について、農民とレクリエーション利用者がそれぞれどのような認識を抱いているのかということについて検討しておく必要があるだろう。

　そのような人々の環境認識を捉えていく上で学問的に有用であるのが、主に人文地理学の分野でなされてきた「場所（place）」あるいは「場所感覚（sense of place）」をめぐる議論である[1]。この議論は、1970年代にそれまでの地理学が物理的環境を均質・均等な「空間（space）」として捉えてきたことを批判し、個々の環境をめぐる人々の具体的な経験や意味付与に注目する立場として登場した。このような観点から例えば Y. Tuan は、「トポフィリア（場所愛）」という言葉を用いて、様々な地域や時代において展開されてきた、親密で直接的な経験を通じた個別の物理的環境への愛着について論じている（Tuan 1974＝1992）。あるいは E. Relph は、人々の文化的・相互主観的な経験から構成される空間を「生きられた空間」と呼び、それが結節して「意図と行動の中心」となる「場所」の重要性について指摘している（Relph 1976＝1991）。

　ただ、このような主に現象学的観点からのアプローチに対しては、「場所」を生みだす基盤としての共同体を理想化・本質化するとともに、その内外に存在する権力関係を無視しているとの批判がなされた。これを受けて

---

[1]　このような「場所」をめぐる地理学の研究史のまとめとしては、荒山ら（1998）が参考になる。

写真 4-1　フィールドワーク地域において、農民によって「階段」という名前で呼ばれている場所。この場所は農民が羊を高地に上げる際のルート上にあり、このルートをウォーカーも高地へのアクセスのために利用している。

1990年代頃からは、権力関係も視野に入れつつ、「場所」を動的なアクターによって継続的に構築されていく社会過程として捉える立場が主流となっていき、隣接の学問領域も巻き込みつつ議論が展開されている。例えば、歴史地理学者のK. Olwigは、視角を中心とした抽象的・包括的な表象としての「景観」の歴史と対比しつつ、「ボディ・ポリティック」[2]を通じて具体的・集合的に構築されていく「景観」の歴史について描いている（Olwig 2002）。あるいは、人類学者のT. Ingoldによる、「居住（dwelling）」を通じて生成される「タスク・スケイプ」を重視する立場も、この流れに含まれるだろう（Ingold 2000）。Ingoldは、不断に移動する線的なイメージでこの「居住」を捉えており、それを実践する「居住者」は、特定の場所に閉じ込められた「地元民」とは異なる存在であるとして、固定的・静態的な「場所」論とは一線を画す立場をとっている（Ingold 2007 = 2014）。また、アフォーダンスやアクターネットワーク理論を背景にした身体の社会学的研究も、人間と自然環境や物の境界線を無化することによって、それらのアクターが互いを生成し合う過程に注目し、同時にそこにおける従属や抵抗のありようについても論じている。そしてそこでは、各アクターの結びつきのありようによって、互いに異なる複数の「自然」（すなわちある種の「場所」）が生まれてくることになるのである（MacNaghten and Urry 2000）。

そして、これらの研究動向を背景として、本書で分析の対象としている牧畜農民あるいはウォーカーをめぐっても、彼らの有する環境認識のありようについて様々な地域を事例に分析がなされてきた（Edensor 2000; Gooch 2008; Gray 1999; Lorimer and Lund 2003; Michael 2000）。なかでもJ. Vergunstは、スコットランドにおけるフィールドワークをもとに、農民とウォーカー双方の環境認識について分析をおこなっている（Lee 2007; Vergunst 2012, 2013）。そして、これらの論考においてVergunstは、行政や環境団体の抽象的な環境言説と対比させつつ、農民とウォーカーの環境をめぐる認識

---

2) 「ボディ・ポリティック」とは、政治共同体の身体的メタファーである。Olwigの議論においてこの語は、人々を管理する装置としての側面と同時に、その領域を不断に再構築する「景観」の作り手としての側面も強調されている。

を、共に現場に根ざしながら育まれたものとして並列的に扱っている。このような議論の組み立ては、「土地の営み」と「景観の営み」という観点から両者の認識を対比的に扱う J. Urry のような立場（Urry 2000＝2006）と距離を取っている点で特徴的である（Vergunst and Árnason 2012）。

　だが他方で、農村アクセス問題のように環境への認識や働きかけを異にする、言いかえればそれぞれ異なった内容の「場所」を作り上げてきた人々が対立する場合に、いかにして両者を共存させることが可能なのかという点については、先述の先行研究は必ずしも詳細な検討をおこなってこなかった。そして、このような問いに実証的かつ理論的に応えているのが、環境倫理学者の福永真弓である（福永 2010）。アメリカ合衆国のマトール川流域をフィールドにした研究において福永は、異なる環境認識を有して対立していた農場主（ランチャー）と新住民が、流域協議会やアジェンダ・コミッティにおける身体的な協働を通じて、環境認識の違いをそのままにしながら共通の正統性を生みだしていく過程について分析を加えている。この福永の論考は、彼女が「〈生〉の領域」と呼ぶ、ランチャーや新住民によって作り上げられたある種の「場所」の複数的なありようだけでなく、そのように異なる環境認識を持つ人々が互いの差異を肯定しつつ共に作り上げていく、彼女が「〈応答と関係の場〉」と呼ぶ、言わば新たな位相の「場所」の具体的なありようにまで踏み込んで考察している点で優れている[3]。

　ただ、このような福永の議論にもいくつかの空白地帯があることは否めない。例えば福永の研究においては、〈生〉の領域あるいは〈応答と関係の場〉はマトール川流域という物理的空間に重なるものとされ、そこに住まう人々の間でなされる対話のありように分析の中心が置かれている。つまり、福永の議論では特定の地域における生活の共有こそが、異なった環境認識を有するアクター同士を共存させる鍵となっていると言えよう。もちろん本書

---

[3]　福永によれば、「〈生〉の領域」とは、「人びとが物理的にその場の生活空間からよせられる生態系サービスを享受しながら、肉体を再生産し、〈生〉の基盤となる安心と安全を確保しようとする」領域を指す。また、「〈応答と関係の場〉」とは、「人びとがかけがえのない他者として互いの前に現れ、その存在を承認しあいながら互いの声にこたえようとする〈場〉」を指している。

は、そのようなパースペクティブ自体に異を唱えるものではない。だが、この生活の共有に対する力点のため、そのような地域の対話の場に参与する契機を持たない外部アクターがもたらす影響力については、福永の論考においてはあまり評価がなされていない。加えて、このような多様な主体による対話の場は、様々な政治的・社会的・文化的背景により、常にうまく機能するとは限らない[4]。だが、そのように対話の場が機能不全に陥っている場合に、人々の異なる環境認識を共存させるような契機が他に存在するのかという点については、明らかにされていない。

そこで本章では、そのような対話の場が持つ限界点と、対話の場とは別の契機から生じてくる、異なる環境認識の共存の可能性について、フィールドワーク地域における実践をもとに考察をおこなう。次節以降では、まず先述の「場所」をめぐる議論を参考にしながら、フィールドワーク地域における農民とウォーカーそれぞれの環境認識について、特に高地でのナビゲーションのありようを中心に分析を加える。そして、この地域でなされた農民とウォーカーの対話の場を作る試みについても検討し、その試みを挫折に追い込んだ外部アクターの影響力について述べる。その後は視点を転じ、この地域における、ウォーカーを中心とした山岳レスキューの実践について記述をおこなう。そしてそのなかで、彼らの日常の便宜を通じて生み出されてくる、新たな「場所」の構築を経由しないかたちでの、異なる環境認識の共存の可能性について検討する。

2 農民のナビゲーションと環境認識

第1章でも述べたように、フィールドワーク地域の丘陵地帯のほとんどは、羊の放牧地として使われている。ここで、農民による丘陵地の農地の一般的な利用のあり方について述べておこう。まず、春に子羊が生まれると、農民

---

4) このような対話の場の機能不全の具体的な様相については、足立（2001）、平川（2005）、富田（2013）などを参照のこと。

たちは親の雌羊と共に丘陵の高地部分に上げて、自由に草をはませる。そしてその間に、低地部分の農地では牧草を生長させて、冬場のための飼料（かつては干し草が主流であったが、今ではほとんどがサイレージ）を作っておく。ただ、夏の間にも毛刈りや投薬などのために、羊を高地から下ろしてくる機会が数回ある。そして、秋口になると高地にいる子羊の大半を下ろして、市場で売却する[5]。また、10月から11月にかけては、残った雌羊に種付けをおこなって妊娠させたり、シラミ取りのため消毒をおこなったりする必要がある。そのため、このような作業の折にも高地にいる羊は低地に降ろされる。そして多くの農家では、翌年の2月頃までにはほとんどの羊を高地から下ろして、低地で飼料を与えながら出産の面倒をみる、というサイクルになっている。

　このように羊を集めて高地と低地を行き来させたり、場所を移動させたりといった作業は、各農民が飼育している牧羊犬を使いながらおこなわれる。近年ではこのような作業はしばしば「クオッド」と呼ばれる四輪型のバイクに乗っておこなわれるようになっているが、1990年代頃まではすべて徒歩によるものであった。そして、現在でも特に高地では、地形の関係上クオッドを使うことができずに自力で歩き回らねばならない箇所も少なくない。ただ、丘陵の高地部分は複数の農民がシェアを持つ共有地になっていることが多いため、高地の羊を集めて低地に降ろす際には、シェアホルダーの農民が何人か集まって協力することもある。この丘陵の高地部分へは、個々が所有する農地の低地部分から直接あるいは農道を使ってアクセスできることが多いが、他の農民の所有する農地を通ってアクセスするというケースもある。あるいは、周辺の農家が共有する農道を使って高地に向かうという場合も少なくない。そして、農民の所有するこのような農道は、高地へのアクセスルートとしてウォーカーによってもしばしば利用されている。

　また、丘陵の低地部分や丘陵から離れたところにある農地については、第

---

[5] なお、この子羊の主な買い手は土壌の肥沃なアイルランド中部地域の農家で、彼らはそこで屠殺できるようになるまでこれらの羊を太らせる。そのため、フィールドワーク地域には羊を屠殺段階まで飼育する農家はあまり多くない。

第 4 章　対話の場の限界と非常事態の生みだすもの

写真 4-2　丘陵の低地部分から農道を用いて羊を高地へとあげる作業。羊の体には家ごとに違ったマークが施されているが、農民は羊の個体識別も可能である。

写真 4-3　羊を高地から直接下ろしてくる作業。断崖や急傾斜を伴わない地形であれば、このように農道を使わず羊を移動させることも可能である。

第 4 章　対話の場の限界と非常事態の生みだすもの

　1 章で述べたように、時代とともに様々な土地改良や施肥がなされてきた。しかし、高地の農地については地形の関係で農業機械などを入れることができず、また私有でなく共有である場合が多いことも相まって、現在まで土地改良などはほぼなされていない。そのため年配の農民に聞くと、かつての景観と比べると丘陵の低地部分では緑化が進んだが、高地部分に関してはあまり変化が見られないという。特に共有地と共有地の間には土地境界フェンスすら設置されていないことがほとんどであるため[6]、高地にいる羊は広い範囲を歩き回って草をはむことも多い[7]。しかし、特に年配の農民たちは高地についての広い知識を有しており、自分の家の羊を探し、追った長年の経験に基づき、自分の庭のようにナビゲーションをすることができる。彼らが高地へ行くのは基本的には視界が良好な日ではあるが、途中で霧が出ても見知った周りの地理的特徴から自分の位置を判断して迷うことはないし、激しい雨が降ってもしばらく岩陰などでやり過ごしてから再び作業を開始する。

　そして、彼らは高地や低地の様々な地理的特徴に対して、政府発行の地図には記載されていない地元名をつけている。その多くは、代々伝えられてきたアイルランド語の地名であり、その意味や綴りをもはや彼ら自身も判っていないことも少なくない[8]。だが、彼らは日常会話の中で「昨日お前の所の羊を『ターポーン（Thur Pawn）』で見たぞ」といったかたちで高地の羊を探す手がかりを教え合ったり、あるいは高地で協働して羊を集める際に携帯電話を使って「今、『青い岩（Blue Rock）』にいるからこっちへ来てくれないか」というかたちで連絡を取り合ったりするなど、それらの地元名を様々

---

[6]　共有地の境界を示しているフェンスがあるとすれば、それは共有地と接している個々の私有地のフェンスであり、そのフェンスはそれぞれの私有地を所有する農民によって管理されている。そのため、フィールドワーク地域においては「共有地のフェンス」というものは、ほとんど存在しない。

[7]　このため、シェアを持たない共有地で自分の羊が草をはむことも起こりうる。そのような事態が頻繁に起こる場合には、トラブルを避けるために農民はしばしばその共有地のシェアを購入する。ただ、羊は自分のテリトリーを持っているため、高地に羊を集めに行く際には羊の居場所についてある程度の目星をつけることはできる。

[8]　イギリス植民地時代における英語の普及のため、現在ではアイルランド語話者は、アイルランドのごく一部の地域にしか存在していない。

な農作業に役立てている。このため、そのような地名やそれが示す場所は、土地改良などをおこなった低地はもちろんのこと、高地のものであっても農作業の記憶としばしば結びついている。例えば、農民のエディーさん（50代・男性）は「ニューカー（綴り不明）」という名の岩場について言及する際、同席していた親戚の少年に「ほら、お前と一緒に足を怪我した子羊を助けに行っただろう」と声をかけている。あるいは、そのような固有名がつけられていなくとも、農民たちは様々な地理的特徴を「この穴には羊がよく落ちるんだ」とか「あそこの岩には以前に雷が落ちたことがある」といったように自分が経験した出来事と結びつけて認識している。

　他方で、農地はそのような仕事の場であると同時に、レクリエーションとまで言わなくとも一種のリフレッシュの場としても認識される。例えば、農民のジョージさん（50代・男性）はしばしば夕刻に、羊を高地にあげる際に使われる「階段（Stairs）」と呼ばれる石段状の部分に腰をかけ、眼下に広がるノースポートなどの近隣都市の夜景を眺めるのを楽しんでおり、それを「とても美しい光景だ」と評する。また、多くの農民たちは、農業という仕事の魅力のひとつとして、「屋外で働けて気持ちが良いこと」をしばしばあげる。

　加えて、農地は人々や環境の移り変わりとも結びつきながら捉えられる。例えば、高地共有地のある箇所は農民たちから「パット・ブライアンの草場（Pat Brian's Meadow）」と呼ばれており、かつて「パット・ブライアン」なる人物がそこで牧草を刈っていたことを伝えている。だが、現在ではそのような利用はおこなわれておらず、高地にいる羊たちが草をはみに集まってくる場所となっており、農民たちもそのような場所として自分の経験をそこに付け加えていく。あるいは、「ボホッグ（Bothóg）」と呼ばれる場所には、かつてジョージさんの祖父が住んでおり、その住居の跡が今も残されている。そこは高地の共有地なのだが、19世紀にジョージさんの祖父が兄弟げんかをして低地に住めなくなったため、1908年に和解するまでそこに家や畑を作って何年も暮らす羽目になったのだという。ジョージさんやその父親は、その後に低地で生まれたためそこでの暮らしを知らないが、高地は低地と比べて気温が低く風雨にもさらされ、さらに狭い住居の中で大家族と家畜が住

まねばならなかったため、さぞ厳しい生活だったろうと彼は語る。だが、現在ではこの近辺は次第にシダなどに侵食され、畑はおろか放牧すら難しい場所となってきている。

　また、農民たちの環境に対する認識はある種の領域性を持っている[9]。すなわち、私有地の場合は常にその周囲は境界フェンスで囲われ、その中で様々な農作業がおこなわれるし、隣地との境界フェンスがないような高地共有地の場合には、羊が主に歩き回る領域が彼らにとってもっとも馴染み深く、地理的特徴やそこに付けられた地名などをもっとも把握している範囲である。よって、高地で羊が行かないような場所や、自身が立ち入ることの少ない他人の私有地などに関しては、そこにつけられている地名などをあまり詳しく把握してはいない。すなわち、主に自分の脚（そして羊の脚）の動きに沿ったかたちで、環境についての認識が形づくられている。よって、彼らが新たに農地を購入したり借りたりした場合には、そこを日常的に歩き回ることを通してその地勢を把握していくことになるという[10]。

　ただ、近年では兼業化の進展や徒歩での作業の重労働性から、高地を利用する農民の数やその利用頻度は減少してきており、省力的に低地に重点を置いた放牧をおこなう農民が若い世代で増えてきている。そのため、そのような若い世代の農民は年長の世代と比べて、高地の地理的特徴や地名に明るくないという。また、専業農家であれば一週間に1回程度は高地へ赴いて羊の様子などをチェックするが、兼業農家であればその回数は月に1回程度となってしまう。そのため専業農家のデズモンドさん（60代・男性）によれば、かつては誰もが頻繁に高地に行っていたため、共有地などでは必ず近所に住む誰かと顔を合わせたものだったが、今は高地では独りでいることがほとんどで、山歩きに来るウォーカーに会うことの方が多いくらいかもしれないという。それでは、そのウォーカーたちはいかにこの丘陵地帯と関わってきたのかを次節で見てみよう。

---

9) これはもちろん、農民たちがそこから抜け出せない存在であることは意味しない。
10) ただ、それが居住地付近のすでに知った場所にあるのでなければ、その土地の様々な地理的特徴につけられてきた名前までが新たな所有者に引き継がれることはあまりない。

3 ウォーカーのナビゲーションと環境認識

　現在この丘陵地帯の周辺地域には、山歩きを含むウォーキング活動をおこなっているクラブが複数存在しているが、本章では前章でも取り上げた、この地域でもっとも古いノースポートの登山クラブの経験を見てみよう。このクラブがおこなう毎週のウォークの概要については前章で述べたとおりだが、それらのウォークは難易度に従ってA・B・Cの3つに分けられている。そして、地形的・体力的にもっとも易しいCウォークは必ず月に一回、一般の人々にも公開するかたちで開催されており、クラブに新たに加入したい人々を受け入れる日となっている。このCウォークには決められた目的地があり、熟練のクラブメンバーがリーダーと呼ばれる先導役を務める。そして、他の参加者は終始その人物に従って歩くのみである。

　他方で、AウォークやBウォークの場合には、出発地と終着地のみが決められているだけであり、その間でどのようなルートをとるかについては、ウォークの開始前や途中において、その日参加したメンバーのうち数人が地図を前に話し合い、即興的に決めるということも少なくない。そのため、基本的にB以上のウォークに参加するメンバーは、地図やコンパスといったナビゲーション技術を使えることが期待されている。クラブはそのための講習会も毎年開いており、そのような技術を習得して初めて一人前のウォーカーと見なされる[11]。また、クラブはよほどのことがない限りは、いかなる天候であってもカレンダーで予定されたウォークを決行する。そのため、雨や霧で視界が悪くなっている日などは、ウォークの折々でそのようなナビゲーション技術を使用しながら進路をとっていくことになる。

　なお、1990年代初頭までは、クラブの山歩きのあり方は現在とはかなり違っていたという。それはより「スポーツ」に近いもので、ほとんど走るようにして高地を駆け上ったり降りたりしながら、誰か一番かを競ったりして

11）　ただ、実際にはBウォークなどでは、ルートを決めた数人に残りの人々が後ろからついていくといった事態もしばしば見られる。

第4章　対話の場の限界と非常事態の生みだすもの

いた。そのため、参加者は周りの景色や自然を楽しむというよりは、自分の足元ばかり見るような歩き方をしていた。また当時は装備も不十分でずぶ濡れになって帰宅することも多かったが、彼らはその冒険的な雰囲気や仲間との社交を楽しんでいた。だが、1990年代に入るとクラブメンバーの数が急増し、それと同時にウォークの質もゆっくりしたペースのリラックスしたものへと変わり、人々は周りの動植物に注意を払ったり、時々立ち止まって高地からの眺めを楽しんだり、写真撮ったりするようになった。ただ、今も昔もウォーカーにとってこの丘陵地帯は、健康維持や社交の場であるとともに、リフレッシュした気分を味わい、時には神秘的な感覚すらも得る、文字通り「レクリエーション」の場である。例えば、前章にも登場したクラブメンバーのショーンさんは、「ベン（Ben）」と呼ばれる山をめぐる経験について、「『ベン』に毎日行っても、一日たりとて同じ日はないのさ。『ベン』の頂上ではどの教会よりも神の近くにいると感じる。あそこには自分にとって特別な何かがあるんだ」と語っている。

　他方で、ウォーカーは地名の多くを政府発行の地図から学んでいるため、時にひとつひとつの岩や草地にまで名前をつけている農民と比べた場合、彼らの地名に関する語彙の数は圧倒的に少ない。ただ、地図から学ぶ公式の地名に加えて、ウォーカーは自分たち自身で考案した地名を様々な場所につけることもある。それらは主にコミュニケーションの便宜を図るためで、「洞窟（The Cave）」や「ダム（The Dam）」といった単純なものが多いが、時には特定の出来事に基づいた名付けがなされることもある。例えば、かつておこなわれていたXチャレンジでは、コースの要所ごとにチェックポイントが設けられており、そこにはしばしば決まったクラブメンバーが担当者として待機していた。そして、高地のとある谷にはジョーさんという人物がいつも待機していたため、その谷はメンバーの間で「ジョーの谷（Jo's Gully）」と呼ばれるようになった。あるいは、地名に反映されなくとも、特定の場所と特定の経験が結びつけられてイメージされることもある。例えば、普段メンバーに「438」という標高名で呼ばれている場所は、Xチャレンジの際マイケルさんという人物がいつも待機していた。そのため、前章でも登場したルークさんは、誰かが「438」と言うたびにマイケルさんの姿を思い浮かべ

137

ると語り、彼はそれを「あの場所にはなんだか『マイケルがあるんだ』」という言葉で表現する。

そして、これらの地名はそれにまつわる出来事を直接経験していないメンバーへも伝えられていく。例えば、あるアクセスルートの近くには黄色いスクールバスが長い間停められていたため、このルートの場所は「黄色いバス（Yellow Bus）」と呼ばれるようになった。だが現在ではそのバスはもうそこに停められていないため、新しくクラブに入ったメンバーはしばしば「どうしてここが『黄色いバス』なの？」と古参のメンバーに尋ね、その由来を知ることになる。そして、その後は新メンバーもこの場所を「黄色いバス」と呼び、かつてのバスの存在とその消失という歴史のうえに、自身のそこでの経験を新たに付け加えていく。

また、前章でも述べたようにクラブはこの丘陵地帯を中心とした山歩きのカレンダーを毎年組んでおり、メンバーたちはこの丘陵地帯が「自分たちのエリア」であると認識している。そのため、先述のXチャレンジの際には、他の地域からやって来たウォーカーたちにそのような「自分たちのエリア」を体験させることにメンバーたちは誇りを抱いていたという。このように、ウォーカーの環境認識の中にも、その脚の動きに基づいた緩やかな領域的イメージが存在している。

さらに、ウォーカーはレクリエーションをおこなうだけでなく、高地の共有地などでは所与の自然環境に手を加えることもある。例えば、ウォーカーが「シュリーブモア（Slievemore）」と呼ぶ高地の頂上には、有志のクラブメンバーによって建てられた十字架が存在する。これは元々、「大陸ではどの山の頂上にも十字架が建っているのだから自分たちの山にもそれを建てよう」という酒の席の会話が発端になってなされたものだという。あるいは、Xチャレンジのために、クラブは高地のいくつかの場所にケルンを設置しており、それらは現在でも残されている。この十字架やケルンは高地の共有地上にあり、その土地はもちろんシェアホルダーの農民たちによって所有されているが、特に害もないからとこれらの建造物はこれまでのところ農民から容認されている。

ただ、このようなウォーカーと農民の環境認識の間には、齟齬が生じるこ

第 4 章　対話の場の限界と非常事態の生みだすもの

写真 4-4 「シュリーブモア」の頂上に建つ十字架。最初に建てたものは強風で倒壊してしまったため、現在の十字架は 2 代目である。

写真4-5　高地に残されたままになっているXチャレンジ用のケルン。メンバーがここまでセメントを運んできて作り上げたという。

とがないわけではない。例えば、前章で述べたようにウォーカーは山歩きの際、アクセスルートで低地から高地へと上がり、高地では眺望やナビゲーションのため頂から頂へと進みつつ歩き回るという移動形式を、この丘陵地帯の様々な場所でおこなっている。だが、そのようなウォーカーの動きは、必ずしも農地の境界に沿っているわけではない。結果として、ウォーカーの取るルートは折に触れて農地の境界フェンスに行く手を遮られるため、彼らはそれをまたいで先へ進んでいくことになる。通常フェンスは大人の股くらいの高さで、木製のポストの間に金属のワイヤーをいくつも張った構造になっている。そして、最上部のワイヤーには有刺鉄線が取りつけられていることが多い。そのため、しばしばウォーカーの穿くズボンには、フェンスをまたぐ際にこの有刺鉄線に引っかかってできた破れがある。あるいは、そのようなズボンの破れが起きないよう、常にラバーシートを持ち歩き、フェンスをまたぐときにはそれを有刺鉄線部分に巻きつけるウォーカーもいる。

　こういった状況のため、農地のフェンスは多くのウォーカーからは障害物として捉えられており、彼らはそれを設置した農民を非難することはしないが、さらなる設置を促進するような補助金には不快感を示す。他方で農民にとっては、フェンスは農地の境界を示すと共に、家畜が散らばるのを防ぐため設置したインフラでもある。特に高地の私有地などは、かつてはフェンスが設置されていないことも多く、農民は羊を集めるのに一苦労だったという。だが、現在は私有地であれば高地・低地を問わず、ほとんどの農地がフェンスによって囲われている。そして、彼らは定期的にそのようなフェンスの点検をおこなっており、壊れた箇所があれば自身で修理をおこなわねばならない。そのため、多数のウォーカーにまたがれることによってフェンスが破損してしまうことを心配する農民も少なくなく、彼らはしばしば「農民はフェンスをまたいだりしない」と話してウォーカーの行為を批判する[12]。

　また、ウォーカーたちによって特定の名前で呼ばれる場所には、農民たち

---

12) もっとも、筆者は農民がフェンスをまたぐ場面を何度か見たことがある。よって彼らの言葉は、「またぐことがあったにしても、農民は適切な場所と方法を知っている」という意味合いも含んでいると思われる。

によって用いられている別の地名がすでに存在しているということもある。その場合、まったく同じ場所がまったく違った名前で両者から呼ばれることになる[13]。例えば、十字架のある先述の「シュリーブモア」は、農民からは「クロック・ブイー（Cloch Bui）」という名で呼ばれている。そして時には、ウォーカーによって使われる名前の方が、より広く流通していることもある。例えば、ウォーカーのみならず行政や一般の人々からも「鷹の岩（Hawk's Rock）」と呼ばれている風光明媚な岩場を、地元の農民たちは「チャンパウン（Timpaun）」と呼んでいる。その岩場のある土地を所有する農民のテッドさん（60代・男性）によれば、本当の「鷹の岩」は別の場所にあるのだが、よそから来た人がこの「チャンパウン」を「鷹の岩」と勘違いし、そちらの名前の方が一般に広まってしまったのだという。

　もっとも、そもそも農民とウォーカーは「農業」と「レクリエーション」というかたちでこの丘陵地帯の主要な利用目的が異なっており、また具体的な活動の内実も違っているため、こういった環境認識をめぐるズレの発生はある意味では当然とも言える。ただ、先述のように農民の利用の中にもレクリエーション的要素が皆無ではないし、ウォーカーも単に楽しむだけでなく土地に物理的改変を加えているなど、両者の働きかけのありようは共に多面的である。そして何より農民もウォーカーも、この丘陵地帯に対して自らや先達の様々な経験を投影し、その地理的特徴には独自に名前をあてがい、変化を伴いながらも境界性を持った領域として継続的に身体的働きかけをおこなってきた。言いかえれば、この地域の農民とウォーカーは、丘陵地帯の利用の主目的やその活動の内実に違いはあるものの、どちらもこの丘陵地帯を自らの生活においてかけがえのない「場所」として構築してきたのである。つまり、環境との関わりの「内容」については様々な差異が存在するとしても、その関わりの「形式」という点においては、農民とウォーカーは共通するものを少なからず有していると言えよう。

---

13)　沖縄県の宮古島海域における漁業者とダイバーの対立を分析した竹川大介も、双方によって使われている地名の差異に注目しながら、異なるアクター間における環境認識のすれ違いについて論じている（竹川 2003）。

そして、そのように自らの生活の中でこの丘陵地帯と継続的に関わってきた——福永の言葉を借りるならば〈「生」の領域〉を構築してきた——農民とウォーカーならば、福永が提起したように、対話の場やそこでの身体的協働を通じて互いの環境認識の共存を図り、新たな位相の「場所」を構築していくこともまた可能であるのかもしれない。実際、この地域においては2003年から数年間にわたって、農民とウォーカーを含めた利害関係者が集い、この地域で深刻化していた農村アクセス問題の解決のために話し合う「フォーラム」が設けられたことがあった。しかし、結局この試みは持続せずに失敗してしまうのである。次節では、この事態について見ていこう。

4　対話の場とその行き詰り

　アイルランドにおいては、全国レベルでの農村レクリエーションをめぐる利害関係者の対話の場であるCNTに加えて、地域レベルにおいても農民やウォーカーといった複数のアクターの正式な対話の場をつくる試みが、これまでいくつもなされてきた。とりわけ、CNTにも参加している1996年設立のIrish Uplands Forum（IUF）は、農村アクセス問題も含めた丘陵地をめぐる様々な社会的・経済的・環境的な課題について、地域の利害関係者のパートナーシップを通じて解決していく試みを推進してきた[14]。そして、そのような地域レベルの対話の場のうち現在までででもっとも確固たるものとして成立しているのは、前章でも述べたWicklow Uplands Council（WUC）である。このWUCでは、地域の農民、レクリエーション関係者、環境関係者、観光関係者などが自発的に集まって、ウィックロウの丘陵地をめぐる様々な課題に取り組んでおり、地域パートナーシップの成功事例として引き合いに出されることも多い（Van Rensburg et al. 2006）。しかし、このようなWUCも、

14）　このIUFは、前章で述べたKIO主催の1995年の会議の結果、誕生した組織である。彼らのパートナーシップ重視のスタンスはKIOの方針転換後も継続されており、そのためMIとは現在に至るまで緊密な連携関係にある。

農村アクセス問題をめぐってはCNTと同様に暗中模索を続けている[15]。そして何より、アイルランドにおいてはこのWUCを除けば、農村アクセス問題をめぐって地域レベルで農民とウォーカーの対話の場を作ろうとする試みは、そのほとんどが有効に継続あるいは機能してこなかった。そして、本章が事例とする丘陵地帯で作られた「フォーラム」も、そのように不首尾に終わった対話の場のひとつであった。

　このフォーラムは、この丘陵地帯で激化していく農村アクセス問題を背景として、2003年5月に作られた。フォーラム設立の直接のきっかけは、2002年11月にIUFが全国の様々な利害関係者を集めてノースポートで開催した、地域レベルの丘陵地パートナーシップ設立を推進する会議であった。この会議に刺激を受けた数人の人々が、この丘陵地帯にもWUCと同じような組織を作ろうと、新聞広告等でパブリック・ミーティングを呼び掛けた。この動きの中心を担ったのが、この丘陵地帯が位置する2つの県のうちのひとつの社会振興局で小農問題を担当していたブレンダンさん（40代・男性）であった。彼は、全国農民団体IFAで当時農村アクセス問題に関するフロントマンを務めていた、この丘陵地帯に住む農民マーティンさん（50代・男性）と協力しつつ、特に地域の農民の利益のため、利害関係者の対話を通じた農村アクセス問題の解決を図ろうとした。彼は、このフォーラムが目指したものについて以下のように話す。

　　フォーラムでは、まず互いを理解してそこからフォーマルな状況を作りだそうとした。（…）アクセス問題はお金では解決できない、人々の関係性の問題なんだ。農民はとても怒りやフラストレーションを持っているのに、その解

---

15) 例えば、WUCは2006年から3年間にわたり、Wicklow Countryside Access Serviceというプロジェクトを実施した。これは高地へのアクセスルートを所有する土地所有者がその開発をおこなった場合には、それに対して報酬を支払うというもので、その後導入されることになる歩行道スキームのパイロット版としてCNTからの支援も受けていた。しかし、当初は20の合意アクセスルートを作る予定であったものの、土地所有者からの同意を得るのに時間がかかり、また途中で予算もカットされたために、最終的に完成したアクセスルートは4つのみであった。また、第1章で述べた、ウィックロウで起きた公衆の歩く権利をめぐる2つの裁判においても、WUCは紛争を調停する役割を果たすことはできなかった。

決先がないんだよ。

　初回のパブリック・ミーティングには、WUCからのゲストスピーカーも含めて多数の参加者があったが、それ以後の話し合いにも継続して来たり、後から参加したりしてフォーラムに残った人々はそれほど多くなかった。フォーラムの主なメンバーは、ブレンダンさんとマーティンさんのほか、この丘陵地帯を含むもうひとつの県の社会振興局の担当者、有志の農民3人、ノースポートの登山クラブの代表者、キャッスルタウンの観光組合の代表者[16]、地域の町グレンベイルでホステルを経営する人物[17]、地元の山岳レスキューの代表者の計10名であった。

　だが、その後のフォーラムの活動は、ほとんどと言っていいほど成果を生まなかった。次章でも詳しく述べるように、アイルランドの農村アクセス問題において特に問題とされてきたのは、①管理者責任、②農民の財産への損害、③商業行為の3点であったが、そのどれもが地域の利害関係者の対話だけで解決できる事柄ではなかったのである。というのも、これらは不特定多数のレクリエーション利用者による多地点での農地へのアクセスという、対話の場には参与してこないアクターが関わる問題であったからだ。当時のフォーラムのメンバーはみな、「フォーラムは友好的な雰囲気だった」と語っており、メンバーの間ではある程度の信頼が醸成されていたことがうかがえる。だが、そのような直接的な関係性に参入してこない不特定多数の利用者を、2つの県にまたがる広大な丘陵地帯において各利害関係者が納得できるレベルでコントロールしていこうとするのであれば、そのシステムの構築にはかなりの資源が必要となる。だが、このフォーラムはボランタリーなものであったため、人的・財政的な資源をほとんど持っていなかった。

　そのような事情のため、フォーラムは折に触れて国や県などに活動の援助

---

16) この観光組合は、当時この丘陵地帯の山歩きフェスティバルの主催者であった。
17) この人物は、2000年に起こった農民による暴力事件の被害者でもあった。なお、この事件を起こした農民は、初回のパブリック・ミーティングには参加したものの、自分自身でキャンペーンをおこなうことを望み、その後はフォーラムには参加しなかった。

を求めた。しかし、フォーラムが発足してすぐの2004年1月、第1章で述べた暴力事件を起こした農民の収監がおこなわれ、それは全国的なスキャンダルとなって各方面からの激しいリアクションを呼びよせることになった。その結果、この地域の農村アクセス問題はあまりにセンシティブなものとなってしまい、各行政組織は表立ってこれに手をつけることに尻込みしたため、結局フォーラムは公的な機関からの支援を受けることができなかったという[18]。またフォーラムは、アクセスをめぐる諸課題については、国からウォーカーと農民の中継点となる専門スタッフをあてがってもらうことによって解決しようと奔走した。そのため、フォーラム自身がイニシアチブを取って、農民とウォーカーの環境認識の共存を図るような取り組みをおこなうことは、ほとんどなかった。

また、彼らの議論は当時立て続けに起こった出来事にも大きく揺さぶられた。フォーラムが活動を始めた時期には、先述の暴力事件に加えて、この丘陵地帯からそれほど離れていない地域の私有地において、そこで怪我をしたレクリエーション利用者がその土地所有者を訴えるという事件も起こっていた。この土地所有者は農民ではなく、かつ裁判では最終的に土地所有者側が勝利したものの、高裁でいったんはレクリエーション利用者側が勝つなどしたため、この丘陵地帯の農民をひどく動揺させた[19]。また、フォーラムの活動がアクセスを推進するものだと誤解した農民から激しい苦情を受け、フォーラムはその対応にも追われた。これに加えて、フォーラムのメンバーも継続的に活動に関わることができなかった。2004年末にキャッスルタウンの観光組合はファンド不足で解散に陥り、またホステル経営者もやがて他出することになった。さらに、この丘陵地帯を含むもうひとつの県の社会振興局担当者は異動で頻繁に替わった。このため、フォーラムでは互いの環境認識の共存を図る以前に、議論の継続性を確保することも難しかった。

---

18) なお、先述のWUCは対照的に様々な組織からのファンドを得ており、専属のスタッフも雇用しながらその活動を展開している。

19) この裁判の判決については、*Weir Rodgers v The S.F.Trust Ltd* [2005] IESC2. を参照のこと。次章でも述べるように、この裁判は占有者責任法の初のテストケースとなった。

第 4 章　対話の場の限界と非常事態の生みだすもの

　それでも、2005 年末からフォーラムは、ブレンダンさんとマーティンさんを中心にひとつのプロジェクトを進めようとした。それは、この丘陵地帯の共有地のひとつに駐車場や踏み越し段などを設置して農民とウォーカー双方の便宜を図ることによって、利害関係者の協働からどのようなことが達成できるかについての具体的な成果をまず示そうというものであった。つまり、彼らは局所的にでもウォーカーと農民の利用を調停できるシステムを自前で構築することによって、対話の場の前進を図ろうとしたのである。当時この共有地は 13 人のシェアホルダーによって所有されていたため、ブレンダンさんとマーティンさんはシェアホルダー全員にコンタクトしてプロジェクトについての合意を取り、プロジェクト実施のためのファンドを地域の観光イニシアチブに申請した。このプロジェクトはある意味で、フォーラムを中心とした人々が協働して、この共有地から新たな位相の「場所」を構築していく可能性を持った動きだったと言えるかもしれない。

　だが、その取り組みの途中で思わぬことが起こってしまう。彼らがこのプロジェクトを進めていた当時、国レベルの CNT では、第 1 章でも述べた「全国カントリーサイドレクリエーション戦略」の作成に取り掛かっていた。そして、その過程において CNT メンバーであった IFA は、農民がアクセスをめぐって金銭的な支払いを受けられる制度を国レベルで構築する必要性を強く主張し、このベースライン文書にそのことへの言及を盛り込むことを求めていた。だが、2006 年 9 月に最終的に発行された文書にはそのような文言は入らず、この結果に反発した IFA は、CNT への参加を一時見送るという抗議手段に出た。このような状況を受けて、いったん先述のプロジェクトの実施に合意していたシェアホルダーの農民たちは、この IFA のスタンスへの連帯を示すために、その合意を取り下げてしまったのである。そして結局、このプロジェクトはそのまま流れてしまい、フォーラムは目指した具体的成果を実現することはできなかった。この時点に至って、約 3 年半にわたって活動を続けてもほとんど成果をあげられないフォーラムに、その中心を担っていたブレンダンさんらは諦めを抱き始め、その後「政府の動きを待つ」というスタンスでフォーラムは自然消滅していくこととなった。

　以上のように、この丘陵地帯において地域レベルで試みられた対話の場は、

不特定多数の利用者や全国団体の方針といった、そこに参与してこない外部アクターが有する影響力のために、農民とウォーカーが互いの環境認識の共存を図るものへと発展していくことはなかったのである。その後、この丘陵地帯ではそれぞれの県当局が、単独かつ部分的ながら、アクセスのためのインフラ整備に乗り出し、かつてほどの対立的な雰囲気はなくなってきているが、今なお農民とウォーカーの間の社会的距離は縮まってはいない。ただ、そのようなわだかまりを抱えた状況においても、例外的な事態が存在する。それは高地における山岳レスキューの救助活動である。次節では、この事態とそれがもたらすものについて見ていこう。

5 二つのナビゲーションが出会うとき
——山岳レスキューの現場

　1960年代まで、アイルランドの丘陵地における遭難者は、地元の登山クラブや農民の手によって救助されていた。だが、1965年に南北アイルランドをカバーする山岳レスキュー組織が設立され、その後は各地域でこの全国組織傘下の山岳レスキューが結成されていった。現在では、南北アイルランドで計12の山岳レスキューがそれぞれの地域をカバーしつつ活動している。彼らは警察や海上警備隊などと協力して、主に高地での遭難者の救助をおこなっており、その活動は完全なボランティアである。

　そして、本章が事例とする丘陵地帯も、この地域一円をカバーする地元山岳レスキューの活動対象となっている。現在この山岳レスキューは、山歩きを中心とするアウトドア活動をたしなんできた約20人のメンバーで構成されている。メンバーはノースポートの住民が多いが、周辺地域や隣県に居住するメンバーもいる。メンバーのうちコアに活動しているのは12人程度で、彼らは日ごろから様々な訓練をおこないつつ、警察からの救助要請があれば休日返上で現場に駆け付ける。この山岳レスキューが結成されたのは1980年頃とされており、当初それはノースポートの登山クラブとほぼ一体であった。そのため、山岳レスキューのメンバーは同時にこのクラブのメンバーで

もあるという時代が長く続いたが、近年では両者は別々の組織として活動しており、両方に属しているのは4人程度である。

彼らの救助活動は、この丘陵地帯の位置する2つの県がその中心であるが、しばしば隣接する地域の山岳レスキューの応援にも出かける。また、実際の遭難者の救助の他にも、未然の兆候への対処や様々なアウトドアイベントの手助け、そして農民の所有する羊や牧羊犬が高地で迷ったり立ち往生したりした場合にも出動をおこなう。彼らの年間の出動回数は、山歩きがより盛んな他の地域の山岳レスキューと比べると決して多いものではないが、2006年と2007年が各11件、2008年が16件、2009年が13件などとなっている。

山岳レスキューが救助活動をおこなう際には、もちろん農民の私有地や共有地を横切ることになる。しかし、これは警察を同伴した活動であるため、基本的に農民は拒否することができない。だが、そのような事態に不満を抱く農民もいる一方、少なくない数の農民が救助活動の際には自ら積極的に助力を申し出る。例えば、先述の暴力事件を起こした農民の住む村落の背後にある高地で、2008年にポーランド人旅行者が遭難・死亡する事故が起きた。当時この農民はすでにアクセスを許容する立場に転向していたものの、村落内ではいまだウォーカーのアクセスへの不信感も残っている時期であった。だが、この救助活動に対しては多くの地元農民からの協力があった。当時の様子について、山岳レスキューのメンバーであり、前章にも登場したヌーラさんは以下のように回想する。

> 地元の人たちは農道にあるいくつものゲートを取り払ってくれて、私たちはそこを通って降りたの。彼らは装備が不十分な検死官を車で現場に連れてくることもしてくれたわ。兄弟を山で失ったことのある農民がいて、彼なんかはとても感情的になっていたわね。彼の兄弟は同じような事故で死んだらしいのよ。

ヌーラさんによれば、このほかにもサンドイッチを持ってきてくれたり、医者や司祭を呼んできてくれたりする人々もいたという。つまり、普段はウォーカーに対して良い感情を抱いていない人々が少なからずいる地域でも、山岳レスキューによる遭難者の救助活動時には、例外的な「非常事態」とし

てそのようなわだかまりはいったん棚上げされ、多くの人々が遭難者や山岳レスキューのメンバーに対して助力をおこなうのである。これは一種の非常時規範であり、R. Solnit や多くの災害学者が指摘する「災害ユートピア」がそこには立ち現われていると言える（Solnit 2009＝2010）。

　他方で、通常この「災害ユートピア」は非常時の短期間にのみ発生するものであり、その後はやがて日常の規範が戻って来るとされている。だが、山岳レスキューの活動は、救助現場のみで完結しているものではない。すなわち、彼らは日ごろから訓練や知識の蓄積を通して地元の高地に精通していなければ、現場において迅速な救助活動を実施することができない。そのため、彼らは2週間に一度、火曜の夜に救助活動の訓練をおこなっており、そのうちの半分はこの丘陵地帯での実地訓練となっている。また、8週間に一度は、日曜の丸一日をかけての実地訓練もおこなっている。

　そして、これらの実地訓練がおこなわれる高地に関しては、山岳レスキューのメンバーは、そこへのアクセスルートを所有する農民の幾人かとは、顔見知りの関係になっている。また、過去に自分の羊や牧羊犬を救助してもらったり、もしくは隣人がそのような助けを得たことを聞いたりしたために、ウォーカーのアクセスには少なからず批判的であっても、山岳レスキューや彼らが訓練をおこなうことについては好意的に語る農民もいる。あるいは、山岳レスキューと接点がなかったり、不満を抱いていたりしたとしても、言わば救助活動の延長線状にあるものとして、彼らが訓練をおこなうことを容認する場合もある[20]。つまり、このようなアクセスは、山岳レスキューと農民との直接的なやり取りや、「救助」という非常事態をめぐる意味の共有によって達成されている。

　さらに、山岳レスキューのメンバーの一部、特に先述のヌーラさんは、上記のような救助活動の準備実践の一環として、農民たちの持つ環境認識を利用しようという試みもおこなっている。というのも、山岳レスキューは救助活動時において、遭難者に関する手がかりを時に農民たちから得ることもあ

---

[20]　先述の暴力事件を起こした農民ですら、ウォーカーのアクセスに強硬に反対していた時期でも、山岳レスキューの訓練に対して許可を出したという。

第4章　対話の場の限界と非常事態の生みだすもの

るからだ。通常ウォーカーそして山岳レスキューは、グリッド・レファレンス（Grid Reference）と呼ばれる方法を用いて、高地上の地点を特定している。これは政府発行の地図上に引かれている、番号を付記された縦軸と横軸の組み合わせを用いて、特定の地点をあらわす方法であり、彼らがナビゲーションをおこなう際には、主にこの方法を用いて互いにコミュニケーションをとっている。だが、もちろん農民たちは高地を歩くのに地図などは使わないし、グリッド・レファレンスについても知らない。そのためヌーラさんは、農民たちが高地上の地点を認識する方法について知ることで、そこから遭難者の位置などについての手がかりを得ようとしている。これについて彼女は、「農民自身が怪我をした人と出会うこともあるわ。でも、彼らはそこがどこか知っていても、グリッド・レファレンスについては判っていないの。彼らは『去年黒い羊が死んだ「ミッキー・サリーのポスト（Micky Sally's Post）」のところだ』というような言い方をするから」と話す。

　そして、このような試みの一部として、ヌーラさんは現地の農民が使う地名についても記録しているという。というのも、先述のようにそれはウォーカーの使う地名とは異なったりずれたりしているからだ。例えば、2節で述べた「階段」について、彼女は地元の農民がその名前を言った時にそれがどこのことだか分らなかったという。というのも、その場所はウォーカーの間では「オランダ人の道（Dutchman's Path）」と呼ばれていたからだ[21]。このような事態に気付いたヌーラさんは、羊の救助をおこなう際などに地元の農民と雑談したり、あるいは古い地図を参照したりして[22]、農民によって使われている地元名やその由来を把握しようとしている。その学びについて、彼女は以下のように語る。

　　私たちが『ポードレッグの谷（Padraig's Gully）』と呼ぶところを、農民たちは『羊の谷（Sheep Gully）』と呼んでいるわ。それから、私たちが『シュラモア（Sramore）』と呼ぶ山があるけど、実はそれはタウンランド[23]の名前で、

21）この名前は、かつて山岳レスキューがそこでオランダ人の観光客を助けたことに由来する。ヌーラさんによれば、この名前は今では他地域から山歩きに来る人々も使うことがあるという。

22）ヌーラさんは、この地域についての本も出版している地元史研究家でもある。

151

実際の山の名前は『キャハー・モア（Cathair Mor）』なの。そしてその隣の山は、私たちはそこでソーセージを食べたので『ソーセージの山（Sausage Mountain）』と呼んでいるけど、実際は『キャハー・ビョーグ（Cathair Beag）』という名前よ。あと、農民が『シュラモア』と言えば、それは私たちが『タッカーの谷の後ろ（Buck of Tucker's Gully）』と呼ぶようなところね。私たちは救助活動をおこなう際にはそういうことに気をつけなければいけないのよ。

このようなかたちで、主にヌーラさんを中心とした山岳レスキューは、農民による環境認識、特に名付けやナビゲーションのありようについて学び、それを自らの環境認識と照合させることによって、迅速な救助活動に役立てようとしている。また、このような試みには農民との直接的なやり取りに加えて、古地図の精査という学問的実践も用いられている。そして、これらの山岳レスキューの実践を通して、ウォーカーの環境認識と農民の環境認識が出会い、並び立つような契機が生じているのである。

6 異なる環境認識を共存させるもうひとつの回路を捉える

本章で検討したように、丘陵地帯を利用する農民とウォーカーは、その主目的や活動の内実は互いに異なっているものの、この丘陵地帯の「場所」化という、環境との関わりの形式においては少なからず共通点を持っている。しかしながら、この丘陵地帯で試みられた農民とウォーカーの対話の場は、不特定多数者の利用や農民団体の全国レベルでの方針といった、外部アクターの影響力によって行き詰まりを迎えてしまった。これは、福永の論考が扱った状況とは異なり、農村アクセス問題においては、地域のアクター間の対話にもとづくアプローチだけでは問題の解決が困難であることを示している。

他方で、そのような状況下でも多くの農民は、山岳レスキューによる救助

23） アイルランドにおいて用いられている、地域を地理的に区分する最小の単位。

活動や訓練については、多かれ少なかれ主体的に受け入れている。これは、「救助」という限定された意味、あるいは山岳レスキューという限定された主体の枠内で達成されている事態であるため、あまり広がりを持つ現象ではないかもしれない。しかし、そのような実践の中からはウォーカーが農民の名付けやナビゲーションのありようを学ぶという事態が生じてきており、農民の「場所」を形づくる環境認識の一部とウォーカーの環境認識が出会う契機が発生している。

　もちろん、上記はウォーカーから農民への一方向的な実践にすぎない。しかし、ここで指摘したいのは、そのように自身の日常の便宜を図ろうとする実践が、相手方の有する環境認識を必要とし、それとつながっていく——言いかえれば相手の存在や相手の作り上げる「場所」の存在を少なからず肯定する——ような契機を生みだしているということである。であるならば、同じように自身の日常の便宜を図ろうとする立場から、農民がウォーカーの環境認識を必要とする可能性も皆無ではないかもしれない。そして、実際この丘陵地帯においてもその萌芽は存在している。例えば、この地域の村落キルモアに住むウォーカーのオリバーさん（50代・男性）は農家の出身であり、現在は農業をおこなっていないものの、子供の頃はこの地域で他の農民と同様に高地で羊を追う生活を送っていた。その後、エクササイズとして山歩きをすることにしたオリバーさんは、登山ガイドとしての訓練を受け、地図やコンパスの使い方も習得した。そして現在では、ささやかな収入の意味も込めて、キャッスルタウンの山歩きフェスティバルでウォーキングリーダーを務めるようになっている。このような経歴のため、彼は生まれ育った地元の馴染み深い丘陵に関しては子供の頃からの経験にもとづいてナビゲーションをおこない、その他の丘陵ではコンパスなどの技術を補完的に用いるといった歩き方が可能である。このオリバーさんの事例は、少なくとも状況がかなえば、農民もウォーカーの「場所」を作り上げている環境認識の一部に接続しうるということを示すものと言えよう[24]。

　ただ、注意しておかねばならないのは、このような契機は農民とウォーカーの対話を促進し、両者の関係性を深めるようなものではないということだ。つまりそれは、福永の描いたような、生活の共有を通して人々が新たな

位相の「場所」を共に作りあげていくという「応答と関係」の営みとは異なるものである。本章で描いた山岳レスキューの場合、この契機は迅速な遭難者の救助を目指すウォーカーたちの実践の中から生まれてきたものだ。よって、例えば先述のヌーラさんは農民たちと継続的・応答的な関係性を必ずしも築いているわけではないし、この丘陵地帯で彼女が名前を知っている農民の数は10人にも満たない。また、農民がアクセスをブロックすることについて彼女は、「彼らはもっと長期的な視野を持って、観光経営などに乗り出すべきなのに…」としばしば批判的に語る。これに加え、ヌーラさんによる古地図の使用やオリバーさんによる登山ガイド訓練の受講のように、実際のアクセスの現場で活動する相手との直接的な対話関係とは別のところから相手方の環境認識の一部を取り入れるという試みも、この実践においてはおこなわれている。

　つまり、これらのケースにおいて農民とウォーカーの環境認識をつなげ、それらの共存を可能にしている回路は、地域における生活の共有や「応答と関係」といった実践とは別のところから生まれてきたものだ。すなわち、それはあくまで自身の日常生活をめぐって便宜を図ろうとする、言わば自己完結した実践の内側から生じてくる、本質的に一方向的な回路なのである。この意味で、本章で述べた契機とは今のところ農村アクセス問題の解決に資するようなものではない。しかし、そのような一方向的な回路が双方から発生すれば、新たな「場所」の構築を伴わずとも、農民とウォーカーそれぞれの環境認識や「場所」のありよう、引いてはそれを生み出してきた両アクターの存在が少なからず肯定されるという事態が現出しうる。言いかえれば、「応答と関係」の達成には至らないものの、少なくともそれぞれのアクターの「〈生〉の領域」が否定・破壊されないという一線は、この回路を通じて守ることができるのである。

---

24) もっとも、本書のフィールドワーク地域は、現在までのところ山歩きの観光地としては十分なマーケットが成立していないため、例えば農民が副収入のために登山ガイドになるといったことへのインセンティブは大きくない。

牧羊犬を乗せたクオッドの前で談笑するこの農民たちは、数世代に渡ってこの地域で土地を所有してきた。そのような農地の引き継ぎは彼らの大きな関心事のひとつであり、ウォーカーのアクセスへの対処はしばしばそのような感覚に基づいておこなわれる。

第5章
いかに農地は公衆に開かれうるか

第5章　いかに農地は公衆に開かれうるか

1　「便宜」なく不特定多数の人々を受け入れることは可能か

　序章でも述べたように、農村アクセス問題をめぐってしばしば議論の対象となる公衆アクセス権とは、一般公衆がウォーキングなどのレクリエーション活動のために、他者によって所有されている土地を利用することを法的に可能にするものである。ヨーロッパにおいてはイングランド、スコットランド、北欧諸国などにおいて、公衆にこのようなアクセス権を与える法制度が存在しており、これらの社会では少なくとも法理上は、土地所有者の許可を求めずとも当該の土地へのレクリエーションアクセスが可能となっている[1]。しかし、アイルランドも含めて、そのような公衆アクセス権が包括的に整備されていない社会においては、私的所有されている土地に対して正式なかたちでアクセスを確保しようとするならば、その所有権を有しているアクター、本書の場合は主には農民との個別交渉や関係団体の間での協議といった手法を用いなければならない。そして、そのような対話の場においては、レクリエーション利用者は農民との間に信頼関係を築いて、自分たちの活動が農民にとって不利益をもたらさず、農業とレクリエーション利用が共存できるということを示していかねばならないのである。

　一般に、複数のアクターによって自然資源の利用や管理のあり方が模索される対話の場においては、しばしばその参加者たちは討議（舩橋 1995）や身体的経験の共有（富田 2009）などを重ねつつ合意形成を図っていく。そしてそのような過程とは、アクター同士が継続的に顔を合わせることによってお互いに対して一定の信頼を醸成していく作業でもある。このような作業やそこから構築される信頼関係の重要性については、これまでの複数的資源管理論においても特に「対話アプローチ」を取る研究によって指摘されてきた。例えば、序章でも述べたように井上真は、特にコモンズを念頭に置きながら、地域内外の多様な関係者による管理のあり方を「協治」と呼んで、

---

1) なお、これらの国々の公衆アクセス権の解説としては、Parker and Ravenscroft（2001）、平松（1999）、嶋田・斎藤・三俣（2010）などを参照のこと。

「偏狭な地元主義」を越えた開かれた自然資源のあり方について考察を加えているが、同時に井上はこの協治の設計原理についても論じており、その第10則目においては関係者間に信頼を醸成することの重要性が述べられている（井上 2009）。

しかし、農村アクセスという現象について考える場合には、このような対話の場を通じて醸成される信頼の種類が問題となる。E. Uslaner は人々の間に存在する信頼を、「特定的信頼」と「一般的信頼」の二つのタイプに区別している（Uslaner 2002）。Uslaner によれば、前者は特定的な他者に対して相手の情報の取得や対面的相互行為を通じて獲得される信頼であり、後者はより規範的なもので、「他人は信用できるか」といったような、一般化された他者に対しておかれる信頼である。そして、農村アクセスにおいては、レクリエーション利用者というカテゴリーは時に一般公衆にまで拡大し、その利用における不確定要素が増大してしまうために、特に農民側に信頼を醸成することにはしばしば困難が伴う。つまり、対話の場に関係する相手に対しての特定的信頼を持ちえても、広く公衆への一般的信頼まではなかなか持ちえないという問題がそこにはあるのだ。

その一方で、序章でも述べたように、不特定多数の人々によるレクリエーション利用の対象となる自然資源であっても、何らかのシステムを構築することによってその状況に対処することは可能である。そして、そのようなシステムは、先述の一般的信頼の問題を解消するようなもの、つまり極端に言えば出入り口を一つに限って利用料を取るといったような、相手が具体的にどのような人物であるのかを問わずとも適用できるような仕掛けになっていなければならない。ただ、このようなシステムは、それをめぐる政治・経済的な状況や資源の物理的性質によっては、常にうまく構築できるとは限らないということは前章などでも指摘したとおりである。

では、そのように対話の場やシステムによる対処が機能していない場合、私的所有される自然資源、ここでは特に農地が不特定多数の人々へと開かれる契機にはどのようなものがありうるだろうか。ひとつは、第2章で描いたような、農民の日常生活の便宜から生まれてくるような契機である。つまり、第2章で登場したムルラニーの共有地分割紛争における農民たちのよ

第5章 いかに農地は公衆に開かれうるか

写真5-1 フィールドワーク地域のこの農道は、ウォーカーのアクセスルートとして毎週のように使われているが、それがこの土地を所有する農民（後述のミッキーさん）の生活に便宜をもたらすことは特にない。

うに、農地を不特定多数の人々に開くことが自分たちの日常生活に何らかのプラスの作用をもたらすと考えられる場合には、対話やシステムを必ずしも経由しない相手に対しても、その存在や利用を承認するような実践がなされうるのである。しかしながら、ウォーカーなどによる農地のレクリエーション利用は、農民の生活の便宜と常に合致するというわけではない。むしろ、現在のアイルランドにおける農民とウォーカーの対立的状況を考えると、ムルラニーで見られたような事態は、ある種特殊で限定的なものとさえ言えるかもしれない。では、そのように不特定多数者のレクリエーション利用が必ずしも農民の生活の便宜にかなうわけではない場合、農地がそのような人々に対して開かれる契機は存在しているのだろうか。

　ここでひとつの手掛かりとなるのは、環境社会学者の藤村美穂が民俗学者の香月洋一郎の言葉[2]に依拠しつつ展開している、「心のなかの『公』」という議論である（藤村 2006, 2009）。藤村は、阿蘇の草原を事例にした「土地への発言力」をめぐる論考において、むらによる自然資源管理を議論の中心に据えつつも、「むらやひとつの地域というだけではとらえられない、行為の正当性に対する了解も存在する」と最後に述べている。そこにおいて藤村は、阿蘇の草原を訪れる多くの観光客が草原で弁当を広げたり散策したり、あるいはタラの芽を取っていることについて触れ、それらの外部者の行為に草原は開かれており、地域の人々のあいだにもそれを当たり前とする感覚が存在しているのだとする[3]。そして、そのような感覚は既存のコモンズ論の多くが注目する「共」の世界とは別の広がりをもっており、かつ法や制度によって「権利」を獲得していくのとも違った自然資源の開き方であると藤村は分析している。このような藤村の「心のなかの『公』」の議論においては、

---

[2] 藤村が依拠した論考において香月は、日本の山林所有者がいっせいに自分の土地に囲いをめぐらせば日本のハイキングコースの八割以上は壊滅するだろうが、山林所有者はなぜそれをしないのだろうかと問い、それは「彼にとって『社会』とは、そこに柵を設けるようなものではないから」であり、「制度を成立させ運用させている『公』とはまた違った面をもつ『公』が個々の中に存在している」と述べている（香月 2000）。

[3] 藤村によれば、このような感覚は阿蘇の草原だけに限られたものではなく、宮崎県の山村の住民が他県まで蜂の子捕りに出かけるときにも見られるという。

第5章 いかに農地は公衆に開かれうるか

対話の場やシステムといった契機のほかに、地域の人々のより日常的な感覚の中にも、彼らの所有する自然資源が外部へと開かれる契機が潜んでいるということが示唆されている。だが、藤村はこの議論をそれ以上展開していないため、そのような自然資源の開き方のより詳細な様相や、それが生まれてくる具体的経路といった多くの点がいまだ深められてはいない。

他方で、農村アクセスをめぐる農民あるいは土地所有者の態度については、これまで様々な地域や国において大規模なサーベイがおこなわれてきた。そのようなサーベイの着眼点は多岐にわたっているが、例えばアクセスをめぐる土地所有者の経験や懸念について分析する研究（Crabtree et al. 1994; Mulder et al. 2006）、土地所有者のアクセス許容と関連性を持つ要因について探る研究（Snyder and Butler 2012; Snyder et al. 2008; Wright and Fesenmainer 1990）、あるいはアクセスの対価となる金銭の受取許容金額（willingness to accept）を算出する研究（Buckley et al. 2009b; Gadaud and Rambonilaza 2010）などが存在している。しかし、これらの諸研究も農民あるいは土地所有者がどのような内的論理に基づいてアクセスを許容あるいは拒否しているのかという点については、深い検討ができていない。

そこで本章では、藤村の議論を手がかりとしながら、アクセスに問題を抱えた状況の中で、現場の農民が不特定多数のウォーカーによる農地へのアクセスを許容する契機とはいかなるものであるのかについて、質的観点からの分析をおこなう。次節以降では、まずアイルランドにおいて農民が不特定多数のウォーカーの農地へのアクセスを受け入れるに際して生じてくる問題点について整理する。そしてその後、フィールドワーク地域における農民たちへのインタビューから、ウォーカーのアクセスを許容する農民、そして逆にアクセスを何らかのかたちでブロックする農民が、それぞれいかなる論理にもとづいてそのような行為をおこなっているのかについて検討する。これらの作業を通じて本章では、先述の藤村の議論をさらに一歩深め、対話の場やシステム、そして生活の便宜とも別のところで不特定多数のウォーカーの農地へのアクセスが許容される契機について、具体的に明らかにしていきたいと考える。

2 農村アクセスをめぐる不確定要素

第1章で述べたように、アイルランド政府はこれまで公衆アクセス権の法制化を拒否するとともに、アクセスを受ける土地の所有者に対して補償金を支払うことも拒否している。そしてその代わりとして、政府は全国レベルでの利害関係団体の対話の場であるCNTを設置し、また私的所有地への公衆のレクリエーションアクセスを融通するシステムも構築してきた。このような過程の中で、CNTにも参加しているIFAやICMSAといった全国農民団体[4]は、ウォーカーをはじめとしたレクリエーション利用者の農地へのアクセスをめぐって生じてくる、以下の3つの問題にこれまで少なからず懸念を抱いてきた。

ひとつめは、第2章でも取り上げた土地所有者の管理者責任をめぐる問題である。第2章で述べたように、この問題に対処するため政府は1995年に占有者責任法を成立させた。この法律では「レクリエーション利用者」というカテゴリーが規定され、これに該当する人々への土地所有者の管理者責任を大幅に軽減したとされている。しかし、この結果については法改正を主導したIFAは歓迎したものの、ICMSAは「土地所有者の許可を得ている人々については免責にならない」との理解のもとで警戒を崩さず[5]、この法律で農民が十分に守られているのかについては疑念が残っていた。その後、第4章でも述べた、レクリエーション中に怪我をした人物が土地所有者を訴えるという事件が起こったが、この裁判は2005年に土地所有者が勝訴した。ただ、高裁の段階ではレクリエーション利用者側が勝ったため、占有者責任法の有効性をめぐる不安は完全には払拭されなかった。

このような状況を踏まえて、CNTは2013年に「アイルランドのカントリーサイドにおけるレクリエーション」という冊子を発行した。この冊子で

---

4) なお、CNTにはもうひとつ、Irish Cattle and Sheep Association（ICSA）という農民団体も参加しているが、IFAやICMSAと大きな立場の違いはない。
5) IT, 1996/9/18

は、多くのページを割いて管理者責任に関する法制度や判例についての解説がなされており、CNTがこの問題にまつわる関係者の誤解や不安を取り除こうとしていることがうかがえる。しかし、その後2014年にもレクリエーション利用者が土地所有者（このケースでは政府機関）を訴える事件が起こり、これも最終的には土地所有者側の勝利であったが[6]、一審ではレクリエーション利用者への賠償が認められており、依然として管理者責任をめぐる懸念はくすぶり続けている。

　他方で、全国標識道や環状歩行道のような公式のトレイルが通っている土地の所有者に対しては、行政の保険規定が適用され、免責が与えられている。なお、この保険規定においては、ウォーカーがトレイル上にいようとそこから外れようと、土地所有者の管理者責任は免除されることになっている。また、山岳アクセススキームに参加している土地所有者に対しても、同様の保険規定が適用されており、免責となっている。しかし、そのような制度によってカバーされていない、すなわち公式のトレイルが通っていなかったり山岳アクセススキームの対象地域でなかったりする地点においても、レクリエーション利用がなされていることが少なくない。その場合には、ウォーカーなどが個人で保険を持たないままそこで怪我をした場合[7]、その土地の所有者が管理者責任を問われて訴えられるのではないかという不安は残されたままである。

　ふたつめは、ウォーカーなどのレクリエーション利用者による農民の財産への損害をめぐる問題である。絶対数はそれほど多くないと思われるが、農民の中にはウォーカーが複数の農地を横切る際に境界フェンスを壊したり、乗ってきた車で農道や農地のゲートをふさいだりすることで実際的な被害を受ける者もいる。また、ウォーカーが農地の出入りの際にゲートを開けっ放

---

6) この判決については Wall v National Parks and Wildlife Service [2017] IEHC 85. を参照のこと。
7) 何らかのレクリエーション団体のメンバーである場合には、その団体への入会時に保険が与えられることが多い。例えばMIに加盟しているクラブや個人の場合、MIへの入会金には保険料が含まれていて、そのメンバーには個別に保険が適用されている。ただもちろん、すべてのレクリエーション利用者がこのような団体に所属しているというわけではない。

しにすることで中の家畜が逃げ出したりすることや、彼らの連れてきた犬によって羊が襲われたりすることによる被害が生じることもある。

このような問題をめぐって、IFAは占有者責任法の成立時に「農地行為コード（Farmland Code of Conduct）」という文書を発行して、農地におけるレクリエーション利用者の適切な振る舞いについて規定した。この文書には、「もし農地を横切るのであれば、あなたの存在が障害になったり、農業活動の妨げになったりしないようにしてほしい」と書かれており、農地においてレクリエーション利用者が守るべき事柄が16項目にわたって記述されている。そして、文書の最後には「農地でレクリエーションをよくおこなう人々は、構造化され、コントロールされた方法でアクセスをアレンジできる責任ある組織に所属するべきである」とも書かれている。また、2006年にはCNTも「何も残すべからず（Leave No Trace）」という国際的な野外レクリエーション倫理を基にした「カントリーサイドコード」を作成している。そこにおいては、「他者を尊重すること」との項目のもとに「適切な駐車をおこなうこと」や「土地所有者、土地管理者、彼らの財産を尊重すること」といった記述がなされていたり、「家畜や野生動物を尊重すること」という項目においては「犬はきちんとコントロール下において、土地所有者の許可なしに丘陵地や農地に入れてはいけない」との記述がなされていたりする。しかし、すべてのレクリエーション利用者が何らかの組織に属しているわけではないため、このようなマナーをめぐる問題は完全に解決できるものではなく、特に犬の問題に関してはこれまでも農民団体からたびたび被害が報告されてきた[8]。

他方で、公式のトレイルや山岳アクセススキームの対象地においては、このような問題をある程度回避できるようなインフラが設置されている。例えば、公式のトレイルにおいては、農地のフェンスをまたいだりゲートを開閉したりしなくても済むように踏み越し段が各所に設置されている。また、ウォーカーが迷わないための道標が間隔をおいて建てられているとともに、「犬は許可されない」といった看板も要所に取り付けられている。これに加

---

[8] IT, 2013/1/13

第 5 章　いかに農地は公衆に開かれうるか

写真 5-2　トレイルの道標は全国的に統一されたデザインとなっている。また、道標にも犬に関する注意表示がつけられていることもある。

えて、山岳アクセススキームの対象地では、農地のゲートなどが車でブロックされないように、レクリエーション利用者のための駐車場も整備されている。しかし、トレイルやスキームがなく、このようなインフラが成立していない地点においては、先述のようなレクリエーション利用に伴う被害への懸念は残されたままとなっている。

　最後は、農村でのウォーキング活動にかかわる商業行為をめぐる問題である。現在アイルランドには観光客を景勝地につれていくウォーキングツアーのオペレーターが相当数存在しており、またホテルやレストランなどの商業施設もその地域を訪れたウォーカーから利益を得ることができる。このような事態をめぐって農民団体は、観光産業は農地を歩くウォーカーから利益をあげているのに、それを所有している農民にはウォーカーのアクセスから金銭的利益を得る機会がないとの主張をおこなってきた。

　なお、このような農民団体の主張には背景がある。アイルランドにおいては1994年から1998年まで、「農村環境保護スキーム（Rural Environmental Protection Scheme）」という環境保全型農業への支払い制度の中に、農地への公衆アクセスを許容した農民に対する追加支払いの規定が存在していた。しかし、このようなアクセスに対する金銭支払いは環境保護というスキームの趣旨にそぐわないとのEUからの指示によって[9]、1999年以降はこの追加支払いの規定は削除されてしまった。実際にこの追加支払いを受けていた農民は数百人程度だったとされているものの[10]、折からの農村レクリエーションの隆盛もあり、この処置を受けて農民団体、特にIFAは、削除された規定の代替となるような、アクセスをめぐる金銭支払いの制度を創設するよう政府に強く求めるようになったのである。

　このような農民団体の要求に対し、第1章で述べたように政府は2008年から歩行道スキームを複数の地域に導入し、公式のトレイルが通っている土地の所有者がその開発・維持・増進作業をおこなった場合に金銭的利益を得

---

9)　もともとこの農村環境保護スキームは、環境保全型農業への転換を目指すEUからの指示を受けて創設されたものであった。
10)　IFJ, 2002/4/6

られる機会を提供した。この政府の処置はとりわけ IFA から歓迎され、その後政府はスキームの対象地域を順次拡大していくとともに、対象地域内においてもスキームが適用されるトレイルの数を増やしていった。また、この歩行道スキームは、対象となっている地域において新しく設置されたトレイルにも適用することが認められていた。そのため、土地所有者側に経済的なインセンティブを生じさせ、スキームの対象地域では新たなトレイルの開発も進むことになった。

　しかし、2008 年からアイルランド社会はそれまでの好景気から一転、急激な不況と財政危機に見舞われた。これに伴って農村レクリエーション関連の予算は大幅にカットされ、2011 年以降は歩行道スキームを適用するトレイルの数を増やすことができなくなり、当面は現状の適用分の支払いのみが維持されることとなった。このため、現在のところ同じようにトレイルが設置されていても、歩行道スキームでカバーされているトレイルとされていないトレイルの間では、それが通る土地の所有者の金銭的利益への機会に不平等が生じてしまっている。このような事態に対して、IFA は歩行道スキームへの予算の増額や、適用されるトレイルの拡大を求め続けている。ただ、このスキームはあくまで公式のトレイルを対象とした制度である。よって、そのようなトレイルがそもそも通っていない場合には、たとえレクリエーションに利用されていようとも、その土地の所有者にはアクセスをめぐる直接的な金銭的利益の機会はないままである。

　以上の 3 つのような問題点は、農村アクセスをめぐる対話の場において、農民の側に一般的信頼を醸成させることの難しさを示すものといえよう。つまり、訴訟を起こされる懸念、財産への被害の可能性、自分の土地を利用して金銭的利益を得るかもしれない人々の存在といった、公衆のアクセスに伴って生じてくる不確定要素は、農民がウォーカーをはじめとしたレクリエーション利用者を全面的に信頼することを難しくする。他方で、そのような一般的信頼をめぐる困難に対処するためのシステムも完全には機能していない。保険やインフラが整備された公式のトレイルや山岳アクセススキームは、ウォーカーに利用される可能性のあるアイルランドのすべての土地をカバーできているわけではない。また、土地所有者に金銭的利益の機会をもた

らす歩行道スキームも、その実施範囲は時の政府の財政状況に左右されてしまうものであり、現在のところその対象は公式のトレイルのごく一部のみである。

　このように、全国レベルでのCNTという対話の場も政府によるシステムも、レクリエーションアクセスを受ける農民の懸念を包括的に払拭できるような解決策をいまだ作り出せていない。その一方で、第1章で述べたとおり、アイルランドにおいては公衆アクセス権の包括的な法制化も容易ではない。とりわけ、IFAをはじめとしてCNTに参加している農民団体はすべて、トップダウン的に法的な公衆アクセス権を設定することに対しては、強固に反対する立場を取ってきた。例えば、第1章で述べたように2007年に労働党が公衆アクセス権の法制化をおこなう法案を発表した際には、IFAは「財産権の明らかな違反であり、国中の所有権に広く影響を与える」と述べるとともに、「多くの場合唯一の収入源である土地（property）に侵入することによって、丘陵地の農民の生計を踏みにじる試み」であると強く非難した。また、ICMSAも「法案は憲法違反である」としたうえで、「私有財産を実質的に国有化するいかなる試みにも抵抗するため警戒すべき」と主張した[11]。

　また、これらの農民団体は、土地の所有者としての農民の優位性もしばしば主張してきた。例えば、先述のIFAによる「農地行為コード」の中には、「ほとんどの農民は土地を横切るレクリエーション利用者に反対しないが、アクセスを許可することを望まない者もいる。彼らの望みは常に満たされなければならない」との記述がある。また、ICMSAも先述の労働党の法案に反対する声明において、「農民だけが誰が土地に来るのかを決定できるのであり、農民は『ノー』と言うための憲法に保障された権利を持っており、その決定の理由を誰かに説明する必要はない」と述べている。このように私的所有権を守る立場から、これらの農民団体は、アクセスは農民の自発的協力によってのみ達成されると主張しており、農村アクセス問題は法制化ではなく関係者の対話によって解決すべきとの見解を取っている。なお、農民団体のこのようなアプローチは第3章で述べたMIのアプローチとも共通すると

---

11) IT, 2007/4/7

ころが多いため、これまでのところ両者はおおよそ友好関係にある[12]。しかし、現在のところ彼らの対話の場であるCNTの議論は停滞傾向にあり、農村アクセス問題をめぐる新たな動きはここ数年見られていない。

では、このようなアイルランド社会において、実際にアクセスに問題を抱えている地域の農民たちはどのような実践をおこなっているのだろうか。これについて、本書のフィールドワーク地域の農民たちを事例に、次節以降で見ていくことにしよう。

3 農民の土地所有感覚とアクセスの許容

第1章でも述べたように、本書でフィールドワークをおこなった丘陵地帯には全国標識道や環状歩行道はほとんど存在しておらず、また歩行道スキームや山岳アクセススキームの対象地域にもなっていない。つまり、農村アクセスをめぐる不確定要素を減らすようなシステムは、この丘陵地帯には成立していない状態にある。また、前章などでも述べたように、この地域では2003年から数年間にわたり、関係者が集まってアクセスをめぐる諸問題について話し合うフォーラムがつくられた。しかし、このフォーラムも対話の場に参与してこない不特定多数のウォーカーをめぐる問題に直面せざるをえなかった。そして結局フォーラムは、広大な丘陵地帯をカバーしてウォーカーのアクセスに有効に対処できるようなシステムを構築するだけの財政的・人的な資源を持つことはできず、問題への解決策を見いだせなかったのである[13]。では、このように対話の場もシステムも機能していない状況のも

---

[12] ただ、第2章でも述べたように、MIは公衆アクセス権の法制化という選択肢をまったく放棄しているわけではない。そのため2007年に労働党がアクセス権の法制化法案を出した時には、MIは「その関心を歓迎する」とし、「パートナーシップを通じたアクセス合意への真摯なコミットメントがすぐに見られなければ、法制化が必要かもしれない」と述べている。この意味においてアイルランドでは、全国的な利害関係団体の間で目標とアプローチが交錯して共有されている。つまり、KIOとMIは公衆アクセスの権利という目標を共有しており、MIと農民団体は対話による解決というアプローチを共有しているのである。

とで、ウォーカーのアクセスが農民に許容される契機はどこに見いだせるだろうか。

　本書では、ウォーカーのアクセスに対する農民の態度について調査するため、この地域の農民 25 人へのインタビューをおこなった。対象者は、ウォーカーによって利用される私有地か共有地あるいはその両方を所有しているという条件のもとで、スノーボールサンプリングによって集められた。インタビュー対象者のうち専業農家は 15 人（兼業農家が定年を迎えたものが 3 人）、兼業農家は 10 人であり、1 人を除いて[14]すべてこの丘陵の農地で羊の放牧をおこなっている。年齢は 30 代が 3 人、40 代が 9 人、50 代が 6 人、60 代が 5 人、70 代が 2 人であり、いずれもこの地域で数世代を過ごしている男性である。このうち、ウォーカーによって利用される土地が私有地のみである者は 7 人、私有地と共有地である者は 9 人、共有地のみである者は 9 人である。

　インタビューをおこなった農民のうち、17 人は CNT に参加する農民団体と同じような観点から、管理者責任、財産への被害、ウォーカーのアクセスから得られる利益の欠如といった、自分が所有する土地へのレクリエーションアクセスに伴う不確定要素の問題について懸念を抱いていることを語った。また、12 人の農民は、所有者である自分の許可が求められないままにほとんどのアクセスがなされていることについての不満を述べた。

　例えば、前章でも登場したテッドさん（60 代・兼業農家）の私有している農地のひとつは、高地へ向かうウォーカーのアクセスルートとして使われてきた。テッドさんによれば、ここ 10 年ほどでウォーカーの数が増えたとのことで、数台のバスに乗ってやって来たために道幅の狭い道路がブロックされたこともあったとの不満を述べる。また、テッドさんは誰が山歩きのクラブのメンバーで誰がそうでないのかなど自分には判らず、保険をもってい

---

13) フォーラムはその活動時に、アクセスをめぐって農民が利益を得られる仕組みや、アクセスの仲介役となる担当者が作られることを政府に要望していた。これらはその後歩行道スキームや農村レクリエーション担当官として全国レベルで実現したわけだが、皮肉にもこの丘陵地帯はそれらの制度の対象地域とはならなかった。
14) この 1 名は羊の飼育をおこなっているが、丘陵の農地は使っていない。

ないウォーカーだけを追い出すことは不可能だとも話す。さらにテッドさんは、「農民がウォーカーのアクセスから何も利益を得られないことが一番の問題だ」と語り、かつてアクセスをコントロールしつつそこから利益も得ようと、自分の土地に駐車場を設置することを試みたこともあったが、どこからもファンドを得られず実現できなかったという。

　あるいは、高地の共有地にシェアを持つジョニーさん（30代・専業農家）は、夏の日曜に時々ウォーカーを見かけるという。彼は、ウォーカーによって利益を得たという地元の店を聞いたことがないと語り、「ウォーカーを呼ぶことでこの地域のためになるなら賛成だ。自分に利益がなくとも地元の人々の利益になるなら構わない。だが、10人とかでやってきて日曜の朝に教会の駐車場に車を停めるだけというのは横暴だ」と、ウォーカーと地元地域の接点のなさを批判する。またジョニーさんは、ウォーカーがシェアホルダーから合意を得て組織だったルートを作り、その設置作業を農民がおこなえばよいのではないかとも話し、「ヒルウォーカーが農民と話す努力をしないというのは我慢できない。アクセスを当然視しているのが問題だ。彼らは土地がそこにあるから歩けると思っている」、「農民にとってヒルウォーカーは顔のない人々。名前も顔もわからない。ただ来るだけだ」との不満を述べている。

　このテッドさんやジョニーさんのような農民の懸念や不満は、農村アクセスをめぐる対話の場やシステムが彼らをきちんとカバーできていないことを示すものと言えよう。その一方で、実際にウォーカーのアクセスに対して何らかのブロック措置を行っている／行ったことがある農民は、インタビュー対象者25人のうち8人であった。その他の農民たちが積極的にブロックを行わない理由については、様々な語られ方がある。例えば、具体的な被害を受けていないのでその必要性を感じないと話す農民もいれば、家屋から離れたところにある農地を歩くウォーカーを止めることは物理的に難しいとする場合もある。あるいは、その農地が共有地である場合には、その土地に対しては何も投資をおこなっていないからと語る農民や、共有なのでブロックをするにしても自分一人では決められないと語る農民などもいる[15]。

　ただ、そのような資源の物理的・制度的な要因に加えて、そこには収まり

きらないような語りもインタビューの中ではしばしば立ち現われた。それは、「土地は自分が生まれる前にも、死んだ後にもそこにある。だからウォーカーを止めることはない」という語りである。

例えばミッキーさん（40代・兼業農家）の場合を見てみよう。彼の本業は土地開発業であるが、親から譲り受けた農地で羊の飼育もおこなっている。ミッキーさんが現在自宅を構える土地から20メートルほど離れた私有地には高地へとつづく農道が通っており、ウォーカーによってアクセスルートとして使われている。ミッキーさんによれば、彼が子供の頃からこのアクセスルートを通って山に登るウォーカーは見てきたが、その数は年々増えており、今では週に一回はウォーカーを見かけるという。時には20台くらいの車がやってきていることもあるというが、彼がウォーカーを気にすることはない。その理由として、管理者責任問題は法律で解決済みであることや、今までウォーカーから何も被害を受けたことがないことをあげる一方で、ミッキーさんは自分にはウォーカーを止めることはできないのだとも話す。

1924年に撮影されたこの丘陵の写真を見せながら、彼は以下のように語っている。

> あの道を通って行くあの山は、この写真と何も変わっていない。100年間ほとんど変わっていない。そして、ここで3世代がその100年を過ごしてきた。僕で4代目だ。そんな僕がどうして人々があの山に登るのを止めるべきだというんだい。僕がここにいるのは30年くらいのものだ。もう30年したら家族の誰かに引き継がれる。僕はここを借りているだけだ。

また、このような語りは、ウォーカーによるアクセスの現状に対して何らかの不満を持つ農民の中にも見ることができる。例えばジムさん（40代・兼業農家）は、地元の小学校の建物管理の仕事をしながら、羊の飼育もおこなっている。そして、ジムさんの自宅から2キロほど離れた私有の農地上

15） 逆に言えば、共有地のシェアホルダー全員が合意すればブロックできるわけだが、フィールドワーク地域においてそこまでの行動がおこなわれている共有地はない。ただその一方で、共有地のシェアといえども私的所有であるため、ウォーカーのアクセスに際しては尊重されるべきだと語る農民も存在する。

第5章　いかに農地は公衆に開かれうるか

写真 5-3　ウォーカーのアクセスルートになっているジムさんの私有地の小道。この道は高地にある別の農民の私有地まで続いている。

にある小道は、ウォーカーによってアクセスルートとして使われている。彼によればこの道をウォーカーが通るようになったのは20年くらい前からで、最近は少なくなったものの、数年前まではよくウォーカーを見かけたという。ウォーカーのアクセスについてジムさんは、「私有地なので本来ならば自分の許可が必要なはずだが、それを求められたことはない」、「ウォーカーが景色を楽しみたいのなら、何らかのかたちでお金を払うべきだと思う」と話しており、ミッキーさんのようにウォーカーの存在を無条件で受け入れているわけではない。しかし同時にジムさんは、そのような理由でウォーカーを止めることは正しいこととは思わないとも語る。そしてその理由として彼は、「だって、あの山の道はこれから何百年もあそこにあるんだろう。神のみぞ知ることだ。それで腹を立てても仕方ないじゃないか」とミッキーさんと同じような論理を用いるのである。

だがその一方で、彼らは自分の所有する土地やそこでおこなう農業には愛着を持っており、それらは次の世代へときちんと相続されるべきものと考えている。例えば先述のミッキーさんは、自分は農業が大好きなのだと話し、親から土地を譲り受けてからはフェンスを張りなおしたり、機械を購入して土地の排水をしたり、荒れ地を掘り返して牧草地に変えたりと、10万ユーロ以上は農業に費やしてきたという。また、経済的に貧しかった父親が農地を売ることもできたのにも関わらず自分のためにそうしなかったことに触れ、自分も子供たちにこの土地を相続させて、同じように田舎に生きるという選択肢をもってもらいたいと話す。あるいはジムさんもこの地域で3世代目にあたり、父親から相続した農地に対してスプレーで雑草の除去をおこなったり、フェンスを張ったりといった改良をこれまで施してきた。そして彼は「俺は牧草地で羊を追いかけるのが大好きなんだ」、「（農業は）生活のあり方、一種の病気、そして趣味でもあるな」と冗談めかしながらも、これはひとつの伝統であるので、土地とともに自分の子供にも農業を継いでもらいたいと話す。

このような農民たちのアクセスをめぐる態度は、アイルランドにおいて「土地に名を残す（Keeping the name on the land）」としばしば呼ばれている、家族による土地継承へのこだわりという文化的背景と関連していると考えら

第 5 章　いかに農地は公衆に開かれうるか

写真 5-4　デズモンドさんの私有地。この土地は高地の頂上まで続いており、彼がシェアを持つ共有地はさらにその奥にある。

れる[16]。つまりこれらの農民たちは、土地を家族で代々受け継いでいくことを重視する一方で、自らの土地所有は家族による土地継承の歴史の一部に過ぎず、その土地は自分が死んだ後もそこにあり続けるために、ウォーカーのアクセスをブロックするというのは、そのような身分の自分にはいささか行き過ぎた行為であるとも感じているのである。

また、このような土地所有感覚のため、公衆にアクセス権を与えるという法的処置を許容する農民は、インタビューにおいてはほとんど見られなかった。例えば、前章にも登場したデズモンドさん（60代・専業農家）は丘陵の農地で羊を飼育しているが、「あの山は我々が生まれる前からあって、死んだ後にだってそこに存在するんだ」と先述のような語りを用いて、高地にある自らの私有地および共有地を歩くウォーカーについて気にすることはない。他方で彼は、アクセスの法的権利をウォーカーに与えることについては、「法的権利は与えるべきではない。農民が嫌がったらそこは歩くべきではないよ、断る農民はそんなにいないだろうけど。法的権利を与えてしまったら自分の土地から権利を奪われることになるじゃないか」と語り、反対の意を述べている。

あるいはジャスティンさん（50代・兼業農家）は、私有地がウォーカーのアクセスルートになっており、さらにその先の高地共有地にもシェアを持っている。彼はウォーカーから何も得られないことに不満を述べつつも、「共有地を歩くのは構わない。山に登って見張ることなんてできない。山は自分の前にも後にもそこにあるものだ、歩けば構わない」、「山に登るために来ているのにそこで引き返させるのも何だし、自分の私有地には彼らは15分くらいしかいない」と話して、ウォーカーのブロックはおこなわない。しかし、土地に公衆の歩く権利を設定することに関しては、「歩く権利はだめだ。一度それを与えてしまったら所有権がなくなってしまう。所有権というのは何世代もそこにあるもので、簡単にあきらめられるものではないんだ」

---

16) この文化的背景は、第1章でも述べた19世紀以来の農地の男系一子相続規範の影響を受けたものと考えられる。このアイルランド農民の家族による土地継承へのこだわりについては、Gabriel（1977）やSalazar（1999）を参照のこと。

と語っている。

　つまり、農民たちにとってあくまで農地は「家族の私有財産」なのであり、その意味において彼らの土地所有感覚は、第1章で述べたようなアイルランドの社会的環境の枠内にとどまる。彼らにとって、土地所有者としての農民の権利や意志は尊重されるべきものであり、そのため「歩く権利がある」と主張するようなウォーカーの態度はしばしば横暴なものと考えられている[17]。しかし、先述のように彼らは自身の土地所有が自己のみで完結するものとは捉えておらず、全国農民団体の主張する原理的な私的所有権ほどの絶対性・排他性が生じていない。そのため、ウォーカーのアクセスの現状に不満を抱く農民は少なからずいるにもかかわらず、多くはアクセスのブロックにまでは乗り出さないのである。

4　農民の土地所有感覚とアクセスのブロック

　では、このような農民たちが実際にウォーカーのアクセスに対して何らかの制限やブロックに乗り出す契機とはどのようなものだろうか。例えば、ウォーカーによってアクセスルートとして使われる農道を所有するポールさん（40代・専業農家）の場合を見てみよう。ポールさんの家は羊農家であり、高地の共有地にシェアを持っている。そして、この農道は共有地へと向かうためのルートとして使われており、道の所有自体は近隣の家とポールさんの家の2軒による共有となっているが、近隣のもう2軒の家もこの道を通る私的な権利（private rights of way）を持っている。ポールさんによれば、彼が子供の頃からこの農道にはウォーカーが来ており、今でも毎週末のように見かけるという。ポールさんはフェンスやゲートに損害がない限り、ウォーカーがやって来ることには反対していない。だが、かつてこの地域の観光局

17）　例えばデズモンドさんは、「アクセス権を求める人々の態度は新しいイギリス人地主のようだし、彼らに法的権利を与えたら農民への敬意がなくなってしまうだろう」と語っている。

がウォーカーのアクセスを容易にするためこの道を整備したいと彼ら権利者に持ちかけたことがあった。観光局はそのための金銭も支払うと提案したが、彼らはこれを拒否したという。ポールさんによれば、現在のレベルのウォーカーは気にしないが、観光用にプロモーションされるとより多くの人々がこの農道およびその先の共有地に来るようになり、それによって羊などの自分たちの財産が被害を受ける可能性があると懸念したのだという。彼はこのことについて以下のように語る。

> 農民はウォーカーを止める権利を持つべきだとは思わないが、自分の土地を被害から守る権利は持つべきだ。土地は我々に与えられたものであり、我々はそれを所有しているんだ。土地というのは未来もそこにあって、我々は永遠にそれに付随するガーディアンなんだよ。だけど、それと同時に人々も山の眺めを楽しむことが許されるべきだ。

ここでポールさんは、「土地は未来もある」という、前節でアクセスを許容した論理と同じものを使ってアクセスの拡大を拒んでいる。これはどういうことなのだろうか。

つづいて、前章でも登場したエディーさん（50代・専業農家）の事例も見てみよう。彼の家屋のすぐ脇を通る私道は、年に数回程度ウォーカーによって使われている。エディーさんは数人でやってきて自分の許可をとるならウォーカーは来てもかまわないと考えている。だが数年前に、バスでやってきた大勢のウォーカーがその道を通り、またそのバスによって土地の入り口のゲートがブロックされて、トラクターが通れなくなるということがあった。それ以来、エディーさんは「侵入禁止」の看板をゲートに掲げており、それでもウォーカーが通るなら自分に許可を求めてほしいと語る。その一方で、彼は「山は自分が死んでからもあるし、ウォーカーも自分が死んでからも来るだろう、それならばウォーカーが来るのは構わない。今のレベルで許可を求めるのであれば構わない」とも語っている。またエディーさんは、家族による代々の土地継承を重視しており、そのようなことを農民がおこなうのは自分が死んでからもきちんと土地が管理される確証がほしいからであると話す。そのため、遠くに住んでその土地の面倒を見ないような人には土地

第 5 章　いかに農地は公衆に開かれうるか

写真 5-5　エディーさんの家屋の脇を通る農道。幹線道路からこの道に入るゲートに、侵入禁止の看板は取り付けられている。

を相続したくはないという。エディーさんは、最近亡くなった近所の農民の土地が遠くに住む親戚に相続されたものの、彼らはその土地を管理せずにすぐ地域外の人に売ってしまったということに触れ、そういうことがあってはならないのだとも話す。つまり、彼にとっては「きちんと管理されている」状態で土地が受け継がれていくことが重要なのである。その意味において、ウォーカーが来ること自体は構わないものの、家屋近くを許可なく大勢のウォーカーが通り、被害が生じるかもしれない状況までになるならば、彼にとってそれは土地がきちんと管理されているとは言えないのである。

ただし、これは何らかの被害が起これはすぐにアクセスがブロックされるということではない。例えばデレクさん（70代・専業農家）は、丘陵の私有地で夏の週末に時々ウォーカーを見かけるという。デレクさんはそのようなウォーカーの存在を気にかけることはないが、何度かウォーカーによる被害に遭ったことがあるとも話す。彼によれば、ウォーカーによって農地のゲートが開けっ放しにされていたことが二度あり、そこから羊が逃げ出してしまわないかと心配になるという。また、ウォーカーの車のために農地のゲート付近の道をふさがれたこともあった。しかし、デレクさんは「土地は我々がいなくなったってそこにある。そして、我々がこの世からいなくなったって、ウォーカーはやっぱりそこにやってくるんだよ」と語り、先述のような被害を受けてもウォーカーを許容する態度は変えなかったという。これについてデレクさんは、「そういうこと（厄介事）は起こるものなんだよ」と語り、ウォーカーによる多少の被害は土地の歴史に付随するものであると捉えている。

また逆に、アクセスがブロックされるきっかけは、財産への被害だけに関わるものでもない。例えば、この丘陵地帯でアクセスをめぐる対立的状況が高まった2004年に、地域の村落キルモアにあるIFAの支部が、村落近辺の丘陵地での山歩きは許されないというアクセスのブロック声明を出したことがある。この声明では、「農民たちは自分たちの土地にやってくる外部の関係者に搾取されていると強く感じる」、「この地域は国立公園[18]ではなく、すべての土地は私的に所有されており、その権利は尊重されるべきだ」としたうえで、「長期的には、我々のような西部の小さな農村コミュニティは、自

分たちの自然の財産から利益を得るべきであり、協力的なスキームによって農民が経営を多様化できるようにし、アグリツーリズムで地元に雇用を生み出すことが望ましい」と述べられている。あるいは、各章で何度か言及したウォーカーへの暴力事件を起こした農民アダムさん（50代・兼業農家）は、高地の私有地へのアクセスをブロックした理由について、「それ以前もヒルウォーカーは来ていたけど問題に思わなかったし、やってきた色んな人ともしゃべった。でも、観光としてプロモートされるのを見て、このままではコントロールを失うと思ったんだ」と語っている。これらの事例からは、観光を推進する立場にしろ、そこから距離をとる立場にしろ、きちんと農地が管理できていると認識されなければ、ブロックがなされるということがわかる。

つまり、ウォーカーのアクセスに対して何らかのブロック措置を取るかどうかの分水嶺となっているのは、土地を所有する農民が「家族財産の所有者としてきちんと土地を管理できている」と感じているかどうかである。そのため、アクセスのブロックを実行するか否かは、ウォーカーによる被害の有無とは必ずしもイコールにはならない。また、3節などでも述べたように、その土地が家屋などから離れている場合や、土地改良などがおこなえない高地や共有地である場合には、農民がアクセスをブロックするインセンティブは低くなる傾向がみられるが、先述のキルモアのIFA支部の声明やアダムさんの場合のように、そのような条件にもかかわらずアクセスのブロックがなされたケースもフィールドワーク地域には複数存在する。よって、アクセスをめぐる農民の判断は、必ずしも農地の物理的・制度的性質に還元されるものではなく、農地を適切に管理して生活を続けていくという、農民自身の日常性に対する感覚が基盤になっているものと考えられる。そして、それが満たされている限りにおいては、前節で述べたような論理を根拠にしてウォーカーのアクセスは許容されうるのだ。すなわち、家族財産の所有者であるという論理のゆえに、ウォーカーのアクセスは容易にブロックされない

---

18) アイルランドの国立公園の土地はすべて国の所有となっている。それらの土地に対しても公衆はアクセスの法的権利を有していないが、実質的には自由なアクセスが可能となっている。ただ、アイルランドにおいてそのような国立公園は国土の1%以下にすぎない。

一方で、家族財産の所有者であるという論理のゆえに、それを脅かす契機が感じられた場合には、アクセスに対して何らかのブロック措置がとられるのである。

　以上のように、フィールドワーク地域の農民たちにとって、農地は両義的な性格を持った存在として立ち現れている。つまり、一方では農地は家族という言わば「私的領域」に属しており、また法的な所有権を付与されたものとして認識されているが、他方で農地は個人の生死を越えたある種の永続性を感じさせるものでもあり、それを通じてウォーカーのような外部者のアクセスを容認する契機が生み出される[19]。農地がこのような2つの方向のベクトルに挟まれた場所であるがゆえに、本章で述べた「家族財産だからウォーカーを止めることはしない」という農民たちの開かれた態度が生まれてくるのであり、また適切に管理できないと判断された場合における「家族財産だからウォーカーを止めなければならない」という態度も、そのような場所ゆえに生じてくるのである。

5　日常的感覚の中にある「開かれ」の経路をたどる

　本章で描いた「土地は自分が生まれる前にも、死んだ後にもそこにある。だからウォーカーを止めることはない」という農民の語りは、対話の場やシステムによる契機以外にも、農民のより日常的な感覚の中に、彼らの所有する農地が不特定多数の人々に開かれるような契機が存在していることを示している。そのため、アイルランドにおける農村アクセス問題のように、対話の場やシステムの構築を通した対処が必ずしもうまく機能していない場合にも、このような農民の日常的感覚が不特定多数のウォーカーのアクセスを保証する支えとなりうる。そしてそこにおいては、通時的な広がりを持つ農民の土地所有感覚が、共時的に存在する不特定多数のウォーカーの包摂へもつながっていくという、通時と共時の実践の交差が展開されているのである。このような、人々の日常的感覚の中にある「開かれ」の経路についての知見は、1節で述べた藤村の「心のなかの『公』」をめぐる議論を一歩進めるも

のと言えるだろう[20]。

そして、このようなアクセス許容の契機は、第2章で描いた農民の生活

---

19) このような土地所有感覚によって不特定多数の人々のアクセスが保証されるという自然資源の開かれ方は、H. Arendt の「世界」をめぐる議論とも共通点を有している。『人間の条件』において Arendt は、人間の活動を「労働（labor）」、「仕事（work）」、「行為（action）」という三つの様式に分けている（Arendt 1958＝1994）。まず「労働」とは、自然過程と結びついた、生命を維持するための物質代謝に必要な活動である。次に「仕事」とは、何らかの目的のため持続的に使用できる物を製作する活動である。そして「行為」とは、人間の複数性に基づいて人々の間でおこなわれる活動のことである。基本的に Arendt は、政治と結び付けられた「行為」を積極的に評価する一方、「仕事」や「労働」という非政治的な諸概念、なかでも生命の必要や消費行動にかかわる「労働」に対しては相対的に低い評価しか置いていない。

　このような Arendt の評価の背景には、個々の人間の生死を越えた「永続性」や「耐久性」を備えたものとしての「世界」に対する強い関心がある。Arendt の「世界」概念は多義的なものであるが、齋藤純一によれば、「仕事」によって作り出される人為的な世界と、「行為」によって形成される「人間関係の『網の目』」の世界の2つの意味に分けられるという（齋藤 2000）。Arendt はこの「世界」について、「私たちすべてのものに共通するものであり、私たちが私的に所有している場所とは異なる」ものであり、「人間の工作物や人間の手が作った製作物に結びついており、さらにこの人工的な世界に共生する人びととの間で進行する事象に結びついている」としている。

　このような Arendt の「世界」を本章の議論に関連させてみると、後者の「世界」は対話の場に対応させて考えることができよう。そこでは、「共通感覚」を通じて他者と共に農村アクセス問題の解決が志向される。そして、前者の「世界」はシステムに対応させることができるだろう。外部者のコントロールという目的を持った「人間の工作物」としてのシステムは、持続的にすべての人間に共通して適用される。

　他方、Arendt は「労働」をまったく「世界」と関わりのないものとして捉えてはいない。Arendt は、永続性のない消費と結びついた役割とは別の、もう一つの「労働」の役割として「自然過程に対して世界を保護し保存すること」を挙げている。そして、Arendt はまさにそのようなものとして「土地の耕作」すなわち農業を描いている。Arendt はこの論点を結局深めてはいないが、これは「労働」としての農業が、農地を通して永続性や耐久性をもつ「世界」と結びつく契機があることを示している。そして、「土地は自分が生まれる前にも、死んだ後にもそこにある」という本章のフィールドワーク地域の農民たちの語りとは、まさにそのような「労働」の側面を示すものに他ならない。

20) なお、藤村も土地をめぐる人々の通時的な実践には注目しているが、それと共時的な実践との交差については、むらという地域コミュニティの中に完結させるかたちでの議論にとどまっており（藤村 2001）、そのような通時的実践と「心のなかの『公』」をめぐる議論との連関性については明らかにされていない。

の便宜に基づく許容の契機とも異なったものである。たしかに、本章における契機も第2章における契機も、対話の場やシステムを経由しない不特定多数のウォーカーの土地利用を承認する態度を生みだしている。しかし、第2章においてムルラニーの農民たちは、自らの考えるより良き地域生活のためウォーカーの存在を積極的に必要としていたのに対して、本章のフィールドワーク地域の農民たちは、あくまで受け身の立ち位置にあり、ウォーカーによるアクセスを必ずしも積極的に望んでいるわけではない。つまり、本章で述べたケースにおいては、「生活の便宜」という積極的な条件がなくとも、農地が不特定多数のウォーカーに対して開かれている。これに加えて、第2章においてはアクセスを受け入れる主な相手として、ウォーカーというある種限定化されたカテゴリーが想定されていたが、本章で述べた農民の土地所有感覚は、その論理からするとウォーカー以外のアクターによるアクセスでも広く受け入れられるようなものとなっている。つまり、同じように不特定多数のアクターを許容する契機ではあるものの、本章で提示した契機のほうがより広い対象をカバーしている。よって、第2章で記述した契機よりも本章で論じた契機のほうが、言わばより「開かれた」性質を有していると言える。

　ただ、このような土地所有感覚に基づく契機は、農村アクセスに伴う様々な不確定要素への農民の懸念をまったく無効化しているというわけではない。3節で述べたように、インタビューをおこなった農民の多くが農村アクセスの現状については何らかの懸念を抱いている。つまり、この土地所有感覚はアクセスのブロックを一定程度控えさせているというだけで、第3章で述べた現場のウォーカーの作法と同様、アイルランドの農村アクセス問題全体の包括的解決策として機能しているわけではないのである。そのため、農民たちの抱く様々な懸念を軽減するためには、今後もCNTでの議論の継続や、フィールドワーク地域においてアクター間の対話の場の復活を試みることも必要であろう[21]。また、政府あるいは自治体による農民やウォーカーへの支援策など、財政難の中でも何らかの有効なシステムの構築を模索していくことも欠かせない。つまり、本章の議論は第3章における議論と同様に、農村アクセス問題の現状に対して何もする必要はないと主張するものではない

し、問題の解決において対話の場やシステムが必要ないとしているわけでもない。ただ、本章で描いたようなそれらとは別の契機の存在は、この問題をめぐる農民たちの日常的実践の奥深さを示すものであり、それをすくい上げることこそが本章、引いては本書の目的なのである。

---

21) なお、本書の調査後にこの丘陵地帯の位置する片方の県で「ウォーキング・ワーキンググループ」という名称の新たな対話の場が立ち上がった。これはかつてのフォーラムとは違って行政のイニシアチブに基づいており、今後の展開が期待される。

第5章で述べた農民のデレクさんは、時にウォーカーの被害も受けるが、そのアクセスを許容する。他方、ノースポートの登山クラブは、デレクさんの土地所有を認識していないが、農民への配慮としてこの土地へ続く道には駐車しない。この両者の実践の間には、対話もシステムも正義も介在していない。

終章

複数的資源管理をめぐる日常的実践の可能性
―― 対立と折り合っていくための視角

終章　複数的資源管理をめぐる日常的実践の可能性

1 アイルランドの事例を振り返る

　序章で述べたように本書の目的とは、アイルランドにおける農村アクセス問題の考察を通じて、自然資源管理をめぐる社会科学的研究に新たな視点を挿入しつつ、そのような農村のレクリエーション利用をめぐる対立と折り合っていくすべについて考えるということであった。その大きな問いへの答えを本章で述べるにあたり、まずはここまでの各章でおこなった考察を振り返っておきたい。

　序章においては、農村において土地を法的に所有する人々と、主に都市から農村に来訪してその土地をレクリエーションのために利用する人々との間に生じる対立である農村アクセス問題について、その歴史と現在を概観した。そして、主にコモンズ論・環境ガバナンス論の領域で展開されている、複数のアクターあるいは利用形式を伴った自然資源の管理についての社会科学的な研究を、複数的資源管理論という名称のもとにまとめ、それらの研究において用いられてきた3つの分析視角について整理をおこなった。それらの分析視角とは、複数のアクター間での対面的相互行為やネットワーク形成といった「対話」に注目する「対話アプローチ」、複数の利用形式あるいはアクター間を調停する「システム」に注目する「システムアプローチ」、そして複数的な資源管理をめぐる様々な権力の布置やそれに伴う「正義」のありかに注目する「正義アプローチ」の3つである。

　しかしながら、農村アクセス問題の現場においては、このような分析視角あるいはそれらを組み合わせたアプローチでは捉えきれない事態もしばしば発生する。すなわちそれは、土地所有者とレクリエーション利用者が同一の土地において対立性を含んだ異なる利用をおこなっているが、両者の間には対話の契機がなく、両者の利用を調停するようなシステムも構築されておらず、加えてそこに正義の落ち着きや明白な不正義の存在を見出すことも難しい、というような状況である。そこで本書では、農村アクセス問題が社会問題化しているアイルランドをフィールドに、そのような状況下で現場の人々、とりわけ農民とウォーカーがいかなる実践をおこなっているのか、そしてそ

189

写真終-1 アイルランドの公式のトレイルでは、ゲートに踏み越し段を設置するなど、様々なインフラが整備されている。しかし、このようなインフラの存在していない地点にも、ウォーカーはアクセスをおこなってきた。

終章　複数的資源管理をめぐる日常的実践の可能性

こにおいて両者の間にいかなる関係性が成立しうるのかについて考察をおこなうことにした。

　まず第1章では、本書でフィールドとして選択したアイルランドについての概説をおこなった。アイルランドの農村においては、20世紀を通して農業の持つ経済的・社会的影響力が低下していき、特に1990年代半ばから約12年間にわたった空前の好景気時には、都市住民による農村のレクリエーション利用が劇的に進んだ。これらの結果、アイルランド農村においては、山歩きを中心としたウォーキング活動をめぐる農村アクセス問題が1980年代後半頃から顕在化し、やがてアイルランド社会においてひとつの社会問題として捉えられるようになった。

　他方で、アイルランドにおいては、私的所有された土地を歩くことに関する公衆の包括的な権利はこれまで設定されていない。その背景としては、第一に歴史的経緯からアイルランドでは土地とりわけ農地の私的所有権が支持されてきたこと、第二に経済的に劣位にある地域で問題が多く発生しており、公衆アクセスの道徳的正当化が難しいこと、第三に「公衆の伝統的権利」として農村アクセスを捉える確固たる基盤が存在していないことがある。このため、アイルランドでは極めて限られたかたちでしか、公衆にアクセスの法的権利が与えられる機会が存在していない。他方で、政府が奨励してきた農村アクセス問題についての利害関係者の対話の場も、設置から10年を超えた現在に至っても大きな進展を見せていない。これに加えて、行政によって設置された、私的所有地への公衆のアクセスを融通するためのシステムも、現在のところ限られた地域においてしか機能していない状況にある。

　第2章では、アイルランドにおける、特に1980年代から1990年代までの農村アクセスをめぐる論争の進展について、文書資料とインタビューに基づいた分析をおこなった。西洋各国の農村地域では、1980年代以降のいわゆる「構造再編」によって農業セクターが凋落し、ポスト生産主義的な需要の高まりが生じてきた。そして、農村研究者の間では農村アクセス問題はそのような構造再編に伴って加速してきたとされているが、そのような視点は農村アクセス問題をめぐる政治過程における農民の影響力を見落としかねなかった。

191

アイルランドでは1980年代から農村アクセス問題が徐々にクローズアップされるようになっていったが、そこに大きな役割を果たしたのは1980年代後半に起こった二つの社会問題であった。ひとつは、レクリエーション利用者に対する農民の管理者責任問題である。この問題はもともと、地域のガンクラブによる狩猟をめぐる問題として始まった。だがその後、農民団体はこの問題にはもっと関係者がいるとのフレーム変更をおこない、他のレクリエーション利用者、とりわけウォーカーを巻き込み、アクセスのブロックもちらつかせることで、土地所有者の管理者責任を大幅に軽減する法改正を勝ち取った。

　もうひとつの社会問題は、共有地分割問題である。アイルランドでは、EUの政策によって1980年代から共有農地の分割が進んでいった。だが、これに農業的見地から反対する農民が、分割が進めばレクリエーション利用が不可能になるとのフレーム変更をおこなって、ウォーカーを自らの反対運動に巻き込んでいった。結果として、彼らは共有地の分割中止を勝ち取るとともに、この分割反対運動はその後の農村アクセスの保護を求める運動の下地を作った。つまり、アイルランドにおいて農村アクセスをめぐる議論は、農村の構造再編のみならず、農民自身のフレーム戦略によって活発化していった。そして、とりわけ共有地分割問題をめぐっては、そのようにフレームが変化していく中で分割反対派の農民、そして後には分割に賛成する農民までもが、不特定多数のウォーカーの農地へのアクセスを積極的に容認するという立場をとったのである。

　第3章では、農村アクセス問題へのウォーカーの対処について、フィールドワーク地域の登山クラブの活動を中心に考察した。これまでの自然資源のレクリエーション利用をめぐる質的研究においては、しばしばひとつの場所や地域に注目した分析がなされ、レクリエーション利用者の実践はその地域の生活論理にいかに寄り添っているかという基準のもとで考察されてきた。だが、それらの研究では多地点的にレクリエーションをおこなう人々の実践が十分に分析されてこなかった。

　現在アイルランドにはウォーカーを代表する全国団体が2つあり、一方のKIOは公衆アクセスの回復という正義、他方のMIは農民とのパートナー

終章　複数的資源管理をめぐる日常的実践の可能性

シップという対話の観点から、それぞれ農村アクセス問題を捉え、互いに対立しているが、両者の方針は農村アクセス問題への対処という点では、共に課題も抱えている。他方、フィールドワーク地域で活動する登山クラブは、地元丘陵地帯のアクセスルートについてはある程度農民との対話をおこなっているが、それは完全ではなく、高地については「歩く権利がある」と捉えてその必要性を感じていない。また、クラブと農民の対話関係は時に排他性の高いアクセスを生み、公衆のアクセスとは齟齬をきたす事態を招く。しかし同時に、彼らは公衆の利用についても考えており、農民との対話から公衆アクセスを達成するための試みもおこなう。他方で、この丘陵地帯外では彼らは農民との対話の契機をほとんど持たないままアクセスする。

　この一見矛盾するようなクラブの諸行動は、彼らが「農民との良好な関係」という論理を用いつつ、山歩きの経験から発露してくる楽しみに準拠してアクセスに対処しているために、大きな違和感なく併存している。そして、このKIOともMIとも異なるクラブの対処実践は、不特定多数の農民とできるだけ共存しつつこれまで通りのレクリエーションをおこなっていくための作法として、農村アクセス問題の現場で機能している。そして、そのような現場のウォーカーの作法は、個別的な地域生活の論理に必ずしも回収されないため、不特定多数の農民を相手にした多地点的な展開が可能となっている。このことは、楽しみというレクリエーションの論理自体に他者との共存を可能にするような志向性が内在していることを示すものである。

　第4章では、農民とウォーカーの環境認識がいかに共存しうるかについて、フィールドワーク地域の農民およびウォーカーの実践から考察した。本書で扱う農村アクセス問題は、土地をめぐって農業とレクリエーションという異なる観点から働きかけをおこなう人々の間の軋轢である。このように環境認識を異にする人々が、いかに互いの差異を維持しつつ共存していけるのかという問題については、これまで対話の場が主なツールとして論じられてきた。だが、そのような対話の場が機能しないとき、異なる環境認識を共存させる別の契機がありうるのかは明らかでなかった。

　フィールドワーク地域においては、農民とウォーカーは丘陵地帯の利用の主目的やそこでの活動のあり方を異にしており、両者の環境認識の間には時

にズレが生じることもある。しかし他方で、農民とウォーカー双方とも、自らや先達の様々な経験を投影しながらこの丘陵地帯を認識し、その地理的特徴には独自の名前をあてがい、そしてある種の境界性を持った領域として継続的な身体的働きかけをおこなってきた。つまり、この丘陵地帯の「場所」化という、環境との関わりの「形式」の点においては両者の間に共通点が存在している。しかし、この地域における両者の対話の場は、そこに参与してこない外部アクターの影響力のために、農民とウォーカーが互いの環境認識の共存を図るような場とならず、行き詰まりを迎えてしまった。

　他方で、そのような状況においても、農民はウォーカーを中心とする山岳レスキューの活動を多かれ少なかれ主体的に受け入れており、そこでは一種の「災害ユートピア」が形成されている。そして、この山岳レスキューのメンバーは自らの活動の円滑化のために、農民の環境認識について、学問的な手法も用いながら理解しようとしており、農村アクセスについての対話の場とは別のところで、農民とウォーカーの環境認識が出会う契機が生まれている。ただし、このような契機は、「応答と関係」を伴うものではなく、本質的に一方向的な回路を通じて生まれてきている。なお、フィールドワーク地域においては萌芽的ではあるものの、農民からウォーカーに向かうこのような回路も存在している。

　第5章では、農村アクセスに問題を抱えている現場の農民たちがいかなる実践をおこなっているかについて考察した。自然資源の外部への開かれ方については、これまでの研究では対話の場やシステムの構築を中心に論じられてきたが、農村アクセス問題の現場においては、それらでは対処できない事態も発生する。また、第2章のようにウォーカーのアクセスが農民の生活の便宜と常に合致するとも限らない。そのような場合に、農地が不特定多数の人々の利用に開かれる契機が他に存在するのかという問いは、いまだ深められてこなかった。

　本書のフィールドワーク地域においては対話の場もシステムもうまく機能していない状況にあるが、聞き取りをおこなった農民からは「土地は自分が生まれる前にも、死んだ後にもそこにある。だから、ウォーカーを止めるべきではない」という語りが聞かれた。他方で、ウォーカーのブロックをおこ

終章　複数的資源管理をめぐる日常的実践の可能性

なった農民も、ウォーカーを許容する農民と同じような論理をブロックの理由として用いている。これは、「土地を適切に管理された形で次世代に相続する」ことが双方にとって重要なのであり、それが満たされていると考えられている限りブロックはされないが、それが脅かされる契機が感じられた場合にはブロックがおこなわれるためである。

　このようにフィールドワーク地域の農民たちにとって、農地とは両義的な性格を持った存在として立ち現れている。フィールドワーク地域の農民の間で「家族の財産だからウォーカーを止めることはしない」という態度と「家族の財産だからウォーカーを止める」という態度が共に生じているのは、農地のこのような性格によるものである。そして、対話の場やシステムが機能不全に陥っている場合にも、このような農民の日常的感覚が、不特定多数のウォーカーのアクセスを保証する支えとなりうる。同時にこのことは、通時的なかたちで展開されている農民の土地所有感覚が、共時的なかたちで存在している不特定多数のウォーカーの包摂へとつながるという、人々の日常的感覚の中にある「開かれ」の具体的経路を示すものである。

2　日常的実践から生み出される包摂と「非定形な複数的資源管理」

　以上、本書のここまでの議論について振り返ってきた。では、実際に第2章から第5章においておこなった、アイルランドにおける農村アクセスをめぐる現場の人々の実践についての分析からは、どのようなことが見えてくるだろうか。結論から言えば、それは実際の現場においては少なくない数の農民とウォーカーが、たとえ対話やシステムや正義が成立しないような状況下にあったとしても、相手方の存在や資源利用を承認するような実践を——時には葛藤を抱きながらも——共におこなってきたということである。そして、そのような実践は、彼らがそれまでおこなってきた継続的・反復的な日常生活の営み、すなわち「日常的実践」の中から付随的に生まれてきたものであった。田辺繁治によれば日常的実践とは、「さまざまな社会、文化のな

かで、あるいはそのあいだで差異化しながらも、日常生活のすべての場面でみられるルーティン化された慣習的行為」を指し、それは「新しい状況への対応を含みながらも、基本的には過去からくりかえされてきた慣習によって生み出される」ものである（田辺 2002）。このような日常的実践の延長線上において、現場の農民とウォーカーは不特定多数である互いの存在を包摂する営為を様々に繰り広げてきたのである。

例えば第 2 章においては、共有地分割問題をめぐって分割に反対する現場の農民たちは、「レクリエーションアクセスの危機」というフレームを用いて、MI などとネットワークを形成しながら運動を広げていった。しかし、それは同時に自らの土地に不特定多数のウォーカーが入ることを許容するという立場を表明することでもあった。当時は農村アクセス問題をめぐる農民とウォーカーの間の対立は現在ほど深刻化しておらず、分割反対派の農民たちは現在よりは大きな不安を感じずにウォーカーに対して土地を開くことをアピールできたかもしれない。だがここでより重要なのは、分割反対派の農民たちがそれまで営んできた農業形態を守ろうと行動を起こしていく中で、対話やシステムを経由しない不特定多数の人々へも農地を開いていくような主張をおこなっていったという点にある。そして、共有地分割賛成派もまた、自らの主張の弁護のためウォーカーの農地へのアクセスを歓迎する立場を表明した。つまり、分割反対派にせよ賛成派にせよ、現場の農民たちは地域におけるより良き日常生活を追求していく過程において、不特定多数のウォーカーの存在を包摂するような実践を展開していったのである。

あるいは第 3 章においては、フィールドワーク地域の登山クラブはいくらかの農民と対話関係を持っており、また彼らが歩く地域の中には正式なトレイルなどのシステムが成立している地点もある一方で、そのような対話やシステムが成立していない農地にもしばしば彼らはアクセスする。しかしクラブは、そのようにアクセスの地点ごとに自らの立ち位置や状況が変わっても、「農民との良好な関係」という山歩きをめぐる「あるべき姿の楽しみ」を追求しながら、顔見知りの農民に対しても、たまたま出会う農民に対しても、そして出会うことのない農民に対しても一定の配慮を遂行し、できるだけこれまで通りのアクセスをおこなってきた。ただ、そのように「農民との

終章　複数的資源管理をめぐる日常的実践の可能性

良好な関係」を理想の山歩きの一部と捉えるには、ある程度までその山歩きが継続的・反復的なものとなっている必要がある。また、そのように活動が反復的かつ継続的だからこそ、「農民との良好な関係」を維持することが重要にもなってくる。つまりここでは、楽しみに基づいたウォーカーの日常的実践の中から、不特定多数の農民に対して開かれ、その存在を包摂するような構えが生まれてきているのである。

　また第4章においては、ウォーカーを中心とした山岳レスキューは、その活動の中で出会った農民との対話を通じて、彼らが持つ環境認識についての情報を仕入れ、自らの救助活動に役立てている。しかし他方で、そのような対話関係から得られる直接的な情報に加え、彼らは古地図の精査などの学問的な方法も用いながら、より迅速な救助が可能となるよう農民の環境認識の研究をおこなっている。このような実践は、萌芽的に存在する農民からウォーカーへのベクトルの場合も同じで、かつての農民オリバーさんは登山ガイド養成訓練に参加することで、地図やコンパスなどを用いるウォーカーの環境認識を身につけていた。つまり、彼らは現場にいる相手との対話以外の手段も用いながら、互いの環境認識について学び、それらを両立させる実践を展開している。ただ、それらの実践は農民とウォーカーの関係性を深めるようなものではなく、あくまでそれぞれの日常の便宜に資する目的でなされている。そして、そのような自己完結的な回路を通して、対話の場の外にいる人々も含めた相手側の環境認識が少なからず肯定され、その存在が包摂されているのである。

　そして第5章においては、フィールドワーク地域の農民たちは、特定のクラブやウォーカーとの対話関係を持っていることもあるが、それ以外の不特定多数のウォーカーについてもそのアクセスを許容しうる論理を有していた。そして、そのような論理はウォーカーに対する信頼などとは別のところ、すなわち自らの土地を適切に管理されたかたちで後代に継承していくという、継続的・反復的な日常の営みを追求していく過程の中から副産物のようなかたちで生じてきたものである。その結果、たとえ対話やシステムや生活の便宜が成立していない場合であっても、不特定多数のウォーカーの存在を包摂するような実践が展開されている。ただ同時にそこには、そのような適切な

かたちでの土地継承が脅かされてしまう、すなわち彼らの日常の営みに対する危機が感じられた場合には、ウォーカーに対する包摂は解除されるという、日常生活の防御のための論理も言わばコインの裏表のかたちで存在している。

　以上のように、アイルランドの農村アクセスの現場においては、農民とウォーカーは共に、不特定多数である互いの存在を包摂するような実践のレパートリーを様々に有している。そして、それらはいずれも、対話やシステムや正義に基づくものというよりも、彼らが自身の日常的実践に専心していく中で付随的なかたちで展開されてきたのである。そして、このように異なるアクターが共に有している日常的実践に基づいた包摂の力は、それらが互いに交差するところに、対話やシステムや正義とは異なった経路を持った複数的資源管理の姿を浮かび上がらせる。例えば、本書のフィールドワーク地域においては、ウォーカーと農民の間に対話関係がなく、また両者の利用を調停するようなシステムも成立していない地点であっても、お互いに正義を主張してアクセスの主導権を求め合うのではなく、ウォーカーは自らの楽しみを追求していく中で結果的に農民の意向に配慮し、また農民は代々の土地継承をおこなっていく中で結果的にウォーカーのアクセスを許容するといったかたちで、両者の利用が結果として並び立つような状態が時としてもたらされる。つまりそこでは、異なるアクターがそれぞれの論理に基づいて日常的実践をおこなっているのだが、それらの実践を通じて互いが互いの存在や資源利用を承認しあっており、対話やシステムや正義が成立していないにもかかわらず、一種の「結果としての環境保全」（関ほか 2009）とでも言えるような状態が局所的に析出されてきているのである。本書では、このような状態を便宜的に「非定形な複数的資源管理」という名前で呼ぶことにしよう。

　そして、このような「非定形な複数的資源管理」においては、土地を所有する農民が排他的・絶対的な支配権を行使していないという点で、私的所有の論理が貫徹されてはいない。また、楽しみに基づくウォーカーの実践も、土地をめぐる私的所有の論理に完全に従っているわけではない。しかし同時に、ウォーカーから農民の意向への配慮がなされており、また農民の土地への思いが達せられているために、そこから現出されてくる状況はアイルラン

終章　複数的資源管理をめぐる日常的実践の可能性

ドの法制度や社会意識に浸透している土地の私的所有権の優越性とは大きく矛盾・対立することがない。その結果、土地という自然資源の上に、私的所有権と農民の実践とウォーカーの実践が、互いを完全に否定し合うことなく並び立つという状態が成立している。このようなかたちで、この「非定形な複数的資源管理」は、アイルランドの法的・社会的環境とも折り合いが付けられているのだ。

　また、この「非定形な複数的資源管理」は、「農民」あるいは「ウォーカー」といったある種の「コミュニティ」[1]を基盤にした反復的・継続的な実践の存在が前提となっており、そのようなコミュニティにおける日常的実践の中から、それを超えたところに存在する不特定多数のアクターを包摂する力が生み出されている。つまり、それはまったく自由でばらばらな個人を構成単位としているというわけではない。言いかえれば、「非定形な複数的資源管理」とは、複数のコミュニティがその複数性を維持したまま、対話やシステムや正義といった契機を経ずとも、それぞれが生み出す実践を通して互いの存在を包摂し合っている状態と言えよう[2]。

　なお、本書の各章の分析からは、そのような日常的実践から生じる包摂のかたちには2つのパターンが存在しているということも言えるだろう。すなわち、ひとつは第2章や第4章で描いたウォーカーや農民の実践のように、包摂の対象がウォーカーあるいは農民といった特定のコミュニティへと主に向かっているようなパターンである[3]。そしてもうひとつは、第3章や第5章におけるウォーカーや農民の実践のように、包摂の対象が農民やウォーカーといった特定のコミュニティとは無関係であるようなパターンである。これらはいずれも不特定多数の人々に対する包摂ではあるものの、前者よりも後者のほうがより「開かれた」構えであると言えよう。「非定形な複数的

---

1) ここで言う「コミュニティ」とは、日常的実践論の文脈で田辺が使用しているものと同じものを指している（田辺 2002）。すなわち、親族、部族、村落、地域、あるいは学校、工場や官僚組織といった制度的な共同体を意味するのではなく、境界を持ちながら「心、身体、モノ、活動が日常的実践として組織されていく場所」であり、また「人びとの語りが何らかの慣習的な力によって行為遂行的におこなわれ、そこに共有あるいは折衝される意味や資源を生みだし、道具（あるいは記号）を駆使しながら実践の目的や責任を生みだすような場所」のことである。

資源管理」の基礎をなす日常的実践から生じる包摂とは、このような幅を持って展開されている事象である[4]。

3 重層的なかかわりと「同床異夢」からの展開

では、上記のような互いに異なるアクターの日常的実践の重なりの中から析出されてくる「非定形な複数的資源管理」は、これまでの複数的資源管理論、あるいはより広く自然資源管理をめぐる社会科学的研究の蓄積の中で、どのような位置づけにあるものだろうか。このような「非定形な複数的資源管理」のありように関して、直接的に論じた研究はこれまでにはない。しかし、それと部分的に重なるような指摘をおこなっている論考はいくつか存在

---

2) この意味において、本書で展開している議論は、A. Smith の「神の見えざる手」や D. Hume の「コンヴェンション」に始まり、F. A. Hayek の「自生的秩序」や、R. Sugden らの進化ゲーム理論へとつながっていくような、自由主義的な社会理論の系譜とはやや異なる地平に立っている。これらの社会理論は、人間の意図的行為や合理的設計を超えたところで自然発生的に生成されてくる社会秩序について論じているという点において、本書の議論と類似性を有している。しかし、これらの理論においては、ある全体社会における一般的・抽象的なルールのありようを考察するというアプローチが取られている。つまりそこでは、当該社会内における多様性・異質性を認めつつも、同時にそれらを横断するような単数的なルールの存在が想定されている。他方で、本書が提示する「非定形な複数的資源管理」においては、あくまで農民は農民、ウォーカーはウォーカーとして別個の実践をおこなっており、両者の間には切断が存在する。そこでは、あくまで互いに異なった日常の論理が、その複数性を保持しつつ交差し、局所的な相互承認が析出されているのである。
3) ただ、これらの実践は「農民/ウォーカーだから包摂する＝それ以外の人々は包摂しない」というような排除性を伴っているわけではない。
4) なお、自然資源管理の議論とは異なるが、長谷千代子も人々の日常的実践から生じてくるこのような事象について、中国雲南省における宗教的実践を事例に考察をおこなっている（長谷 2007）。そこにおいて長谷は、徳宏タイ族や漢族など互いに異なった人々が、統一的規範の受容や調和の意思などを持つことなくそれぞれの日常的実践をおこないながら、関公廟などの宗教インフラを共に利用している様子について記述し、そのような「時には交流し、時にはうまくすれ違い、また人によっては差異を使い分けるといった実践」を「他者とともに空間をひらく実践」という名前で呼んでいる。

終章　複数的資源管理をめぐる日常的実践の可能性

している。

　例えば環境社会学者の宮内泰介は、人間と環境のかかわりには様々なバリエーションがあり、そこには「かかわりの形態における多様性」、「かかわりの社会的承認における多様性」、「かかわりの対象における多様性」という3つの次元があると論じている（宮内 2011）。そして宮内は、「所有（権）や利用（権）をめぐる社会的なしくみには、その土地や時代に応じてさまざまなバリエーションが存在している」こと、「所有（権）や利用（権）には重層性がある」こと、また「そのしくみは日常的な実践の中で変化する」のであり「別の言い方をすれば、そのしくみは日常的な実践の中に埋め込まれている」こと、そして「所有のありようは日常的な社会関係の中に埋め込まれている」ことについて述べ、「私たちが自然環境、あるいは広く環境と何らかの関係を取り結ぼうとするとき、完全に排他的な関係は実はまれ」であるとする。そのうえで宮内は、彼がフィールドとするソロモン諸島を事例に、完全な排他的所有と完全なオープンアクセスの間に「土地・自然資源の所有・利用のさまざまなバリエーション」すなわち「重層的コモンズ」が存在することを明らかにしている。このような宮内の指摘は、人々の日常的実践を基盤にした所有や利用のありようについて論じてきた本書とも共通する点がある。

　なお、ここで述べられている「重層」とは、様々な所有や利用の形式が併存している状態を指すものであるが、これまでそのような所有や利用の諸形式が発生する理由は、しばしば当該資源の物理的性質や経済的防御可能性、あるいは当該資源に対しておこなわれた労働投下の多寡などによって説明されてきた（Acheson 2015; Netting 1981; 齋藤 2009）。だが、宮内や本書が述べているのは、そのような諸条件の根本には日常生活の継続という論理が存在するということであり、それゆえに農村アクセスの現場においては、第5章で見たような農作業に支障を受けてもアクセスを許容する農民や、具体的被害のない段階からアクセスをブロックする農民なども存在しうるのである。そしてこれに加えて本書では、異なったアクターのそのような日常的実践から生み出された所有や利用の形式、そしてさらには法的な私的所有権が、対話やシステムや正義を必ずしも伴わずに交差し、並び立つような場面が存

201

在するということを明らかにしたのである[5]。

　また、同じく環境社会学者の武中桂は、宮城県の蕪栗沼をフィールドにした論考において、異なるアクターの個別的な実践が結果的に全体としての環境保全に結び付くことがあるという点について指摘している（武中　2008a, 2008b）。これらの論考において武中は、蕪栗沼周辺の地域住民・自然保護団体・行政といった諸アクターがそれぞれ独自の論理に基づいて実践をおこない、いずれの主張も優先的決定権を持つことなく一定の空間内に共存することで、結果的に蕪栗沼の保全や「ふゆみずたんぼ」などの環境事業が前進していることを明らかにし、アクター間の環境認識をめぐって「あえて差異を解消せず、逆に差異を許容することによって推進される環境保全のあり方」が存在するのだと論じている。

　武中のこのような指摘は、個別的な日常的実践が互いの存在や利用を認めあうことにつながっているという本書の分析とも共通点を有している。ただ、武中の事例はアクター間の対話の場や補助金などのシステムによるバックアップが存在している空間において達成されている事象であるが、本書では先述のように、それらのバックアップが成立しない場合においても、異なるアクターの日常的実践から生まれる包摂の力が互いに交差することにより、ある種の「結果としての環境保全」が成立するということを論じたのである。

　以上を踏まえると、本書で述べてきた「非定形な複数的資源管理」とは、先述のような自然資源への重層的なかかわりやアクター間の「同床異夢」をめぐってこれまで得られてきた知見が、「対話アプローチ」、「システムアプローチ」、「正義アプローチ」というこれまでの複数的資源管理論で用いられてきた分析視角では捉えきれない状況下でも、現場の人々の日常的実践を通して成立しうることを示すものと言うことができる。それは言いかえれば、

5）　なお、宮内はこのように日常的な実践に基づいた重層性は不安定なものでもあり、そのような曖昧さを除去しようとするアクターによってコンフリクトが生じることがあるとしており、そのようなコンフリクトの解決の方向として、「土地領有と土地利用を峻別する方向」と「土地所有を最終的に確定してしまう方向」が考えられると述べている。他方で、ここまで本書で検討してきたのは、コンフリクトをはらみつつも、固定的な私的所有権とも（少なくとも当座は）大きな齟齬を生むことなく展開されている日常的実践である。

対話やシステムや正義が必ずしも成立しない現場を生きる人々によって、時に葛藤をはらみながらもおこなわれる日常的実践が有している可能性を示すものである。そして、このような日常的実践に基づいた包摂が交差するところに析出される「非定形な複数的資源管理」は、対話やシステムや正義に依拠した関係構築とは異なった、農村における法的な土地所有者と都市住民を中心としたレクリエーション利用者の間のもうひとつの関係構築のありようとして、土地所有権の優越性というアイルランドの法的・社会的環境とも折り合いをつけながら、農村アクセスの現場において機能する場面を有している。

4 「非定形な複数的資源管理」をめぐる評価

　ただ、最後に検討しておかねばならないのは、このような「非定形な複数的資源管理」とは、果たして「自然資源管理」あるいは「環境保全」と呼びうる事象なのかということである。これまでも各章の末尾で幾度か述べてきたが、本書で描いてきた農民やウォーカーの持つ互いへの包摂の力とは、あくまで彼らの日常的実践の一部に組み込まれたものであり、アイルランドの農村アクセス問題を全体として解決に導くような魔法の杖では決してない。そして、それらが交差するところに析出される「非定形な複数的資源管理」も、農村アクセスの現場のそこここで局所的に達成される以上のものではなく、安定的な資源管理とは程遠い。

　もっとも、これまでのコモンズ論や環境ガバナンス論などにおいても、自然資源管理が達成されているとはいかなる状態を指すのかという、言わば「結果」をめぐる基準については、必ずしも統一的な見解が存在しているわけではない[6]。ただ、いくつかの主要な論考においては、そのような結果評価のための基準が提示されている。例えば、20世紀までのコモンズ論を総

---

6) 例えばコモンズ論に関して A. Agrawal は、「あまりにも長い間、コモンズ研究者はコモンズの結果についての様々な基準や次元をはっきりと区別してこなかった」との批判的見解を述べている（Agrawal 2014）。

括する論考の中で P. C. Stern らは、コモンズの結果をめぐる基準の例として「資源システムの持続可能性」、「資源管理組織の耐久性」、「資源システムの経済的アウトプット」、「経済的アウトプットの分配」、「民主的なコントロール」を挙げている（Stern et al. 2002＝2012）。あるいは、自然資源管理をめぐる社会－生態システム（Social-Ecological System）分析のための診断変数について整理した E. Ostrom は、結果に関する基準として「社会的パフォーマンス基準（効率性、平等性、説明可能性、持続可能性など）」、「生態的パフォーマンス基準（過収穫、レジリエンス、生物多様性、持続可能性など）」、「他の社会－生態システムへの外部性」という3つの変数を提示している（Ostrom 2007）。また、協動的自然資源管理をめぐる評価基準についてレビューをおこなった A. Conley と M. A. Moote は、様々なアプローチに通底する典型的な評価基準として「過程基準」[7]、「環境的結果基準」[8]、「社会経済的結果基準」[9]の3種類を挙げている（Conley and Moote 2003）。

　このように主要な論考では、自然資源管理についての結果評価をめぐって、その構成要素や分類のあり方は一律ではないものの、大まかには生態的な基準と社会的な基準の2種類が提示されていると言える。他方で、例えば Ostrom は社会－生態システムの分析をおこなう際には全変数を網羅的に精査するのではなく、事例に合わせて適切な変数を選択する必要があるとしている。あるいは Conley と Moote も、完全に客観的な結果評価は不可能であり、評価とは常に規範的な行為であるとの注意を促している。つまり、大まかな基準枠組みを保持しつつも最終的には自らの問題設定に即したかたちで評価をおこなっていかねばならない。

---

[7] この基準の構成要素として、広く共有されたビジョン、明確で達成可能な目標、多様で包括的な参加、地方行政の参加、直接的参加者を超えた個人や集団へのリンク、開かれてアクセス可能で透明性のある過程、明確で文字化された計画、合意に基づく意思決定、正当と見なされる決定、既存の法や政策との整合性が挙げられている。

[8] この基準の構成要素として、改善された生息地、開発から保護された土地、改善された水質、変化した土地管理実践、保護された生物多様性、保全された土壌および水資源が挙げられている。

[9] この基準の構成要素として、構築あるいは強化された関係性、増加した信頼、知識と理解を手に入れた参加者、増加した雇用、改善された紛争解決能力、既存組織における変化や新しい組織の創造が挙げられている。

終章　複数的資源管理をめぐる日常的実践の可能性

　では、本書の考察において「非定形な複数的資源管理」とはどのように評価ができるだろうか。まず、本書の分析対象とはアイルランドにおける農村アクセス問題であり、その根本にあるのは農村の土地をめぐる農民とウォーカーの間の対立的状況である。よって、この文脈のなかで「非定形な複数的資源管理」を評価しようとするならば、アクター間の関係性という社会的側面を中心に見ていく必要があるだろう。もちろん農村アクセス問題をめぐる生態的側面をまったく無視することはできないが[10]、少なくとも本書で調査の対象とした地域においては、現状のところ生態的側面に深刻な影響を与えるような利用状況とはなっていないため、アクター間の関係性に重点を置いた考察をおこなうのが適切と思われる。

　そして本書では、農村アクセス問題をめぐって生じてくる、対話やシステムが成立せず、正義の落ち着きや明白な不正義の存在を指摘できるわけでもないという状況下においては、農民とウォーカーがまずはそれぞれの存在と資源利用を承認できているというこの一点において、この「非定形な複数的資源管理」を一種の「自然資源管理」あるいは「環境保全」と見なしてもかまわないと考える。もちろん、異なるアクターが互いの存在を認めあうことが即座に対立の緩和につながるわけではないし、このような非定形な関係性は対話やシステムといったものに枠づけられていないため持続性が保障されていない。よって、この「非定形な複数的資源管理」は決して手放しで称賛できるような自然資源管理のかたちではない。しかし、まずは異なるアクター同士が互いの存在を承認するということは、他の多くの社会的な基準が満たされるための前提条件であり、将来成立するかもしれない対話の場やシステムを下支えするものである。また、そのように互いの存在や資源利用の承認がなされることによって、少なくともいずれかのアクターの日常が決定

---

10) アイルランドにおいても、例えばウォーカーのアクセスによって土地が劣化をこうむっているいくつかのホットスポットは存在する。このような丘陵地の例としては、首都ダブリン周辺の山々や、アイルランドの最高峰カラウントゥーヒル山、そして毎年多くの巡礼者が訪れるクロー・パトリック山などが挙げられる。なお、MI は「丘を助ける（Helping the Hills）」という名のもとに、これらの丘陵地において侵食の進んだ道を修繕するプロジェクトに乗り出している。

的に破壊されるということは防止されうると本書は考える。つまり、この「非定形な複数的資源管理」は、生態的な環境保全というよりも、「生活環境保全」のひとつのかたちと見なすことができるのである。「コモンズ論でまず最初に考えなければならないのは、人間と自然・資源との関係性ではなく、人間と人間の関係性である」との菅豊の指摘のように（菅 2005）、自然資源管理の中心をなすものが人々の間の関係性なのだとすれば、このようなアクター間の相互承認はそのもっとも基礎となるものだ。そのような基礎を生み出しているという点において、この「非定形な複数的資源管理」は最低ラインの資源管理機能を果たしていると言えるのではないだろうか。

　他方で、このような「非定形な複数的資源管理」に対する評価をめぐっては、もう一点述べておかなければならないことがある。それは評価をおこなう者の立ち位置の問題である。特に近年の順応的ガバナンスをめぐる議論においては、自然資源管理についてのこのような結果評価は、外部者による基準ではなく、実際にその自然資源管理を担っている人々が採用する基準を重視すべきであるという見解が一般的になってきている（松村 2015；Plummer and Armitage 2007b）。つまり、結果評価という行為を社会化する必要があるのではないかということだ。そして、この点からしても本書で提示した「非定形な複数的資源管理」は、あまり評価を得られるようなものではないかもしれない。というのも、これも折に触れて述べてきたことだが、本書のフィールドワーク地域においては現場の農民やウォーカーの多くは、農村アクセスの現状については少なからず不満を抱いており、農村アクセス問題の解決のために、より安定的な対話の場やシステムが構築されることをしばしば望んでいるのである。

　しかしながら、たとえ現場がそのような状態であるとしても、本書で取り上げてきた人々の実践には注目されるべき要素がないなどと言うことはできないし、資源管理がうまくいっていない「失敗事例」としてのみ位置づけてしまうことも適切ではないだろう。むしろ、「対話アプローチ」や「システムアプローチ」や「正義アプローチ」といったこれまでの複数的資源管理論の分析視角からはこぼれ落ちるような状況にいる人々を、「あるべき状態」に達していない存在などとして周縁化することなく[11]、そこにおいて営まれ

てきた実践に目を向けるということこそが、本書がここまでおこなってきた試みなのである。そして、本書が明らかにしてきた、農村アクセスの現場の農民やウォーカーによってなされてきた、不十分かもしれないが決して貧しいとは言えない様々な営為は、対話やシステムや正義の有無に関わらず、人々の日常的実践がもつ深みに注視していくことの重要性を我々に教えてくれている。そのような意味において本書は、現場の人々の認識とは別に——もちろんそれに意味がないということではない——、この「非定形な複数的資源管理」には一定の評価が与えられてよいと考える。

5 本書の結論と今後の課題

　本書では、アイルランドにおける農村アクセス問題を事例として、「対話アプローチ」、「システムアプローチ」、「正義アプローチ」といった従来の複数的資源管理論の研究視角では捉えきれない状況下にある人々、とりわけ農民とウォーカーの実践について考察をおこなった。そして、そこから得られた結論とは、農村アクセスの現場にいる農民とウォーカーは共に、対話やシステムや正義が必ずしも成立しない状況下にあっても、自らの日常的実践にもとづいて不特定多数である互いの存在や資源利用を承認するすべを有しており、そのような包摂の重なりから「非定形な複数的資源管理」が析出されうるということである。そして、この「非定形な複数的資源管理」は、農村における法的な土地所有者と都市住民を中心としたレクリエーション利用者の間のもうひとつの関係構築のありようとして、土地所有権の優越性というアイルランドの法的・社会的環境と大きく齟齬をきたすことなく、農村アクセスの現場において機能する場面を有している。また、そのような本書の結

---

11) この点において、本書は越智正樹が鬼頭秀一のよそ者論に対しておこなった批判と同じ地平に立っている（越智 2003）。この論考において越智は、よそ者論が「地元」と「よそ者」が互いに出会って相互変容を遂げるというモデルを重視するあまりに、結果として変容していない人々を「いまだ到達せぬ人」として周縁化してしまっているのではないかという問題提起をおこなっている。

論は、これまでの自然資源管理研究において得られてきた重層的かかわりや「同床異夢」に関する知見をさらに展開させるものであり、自然資源管理のありようとしても一定の評価を与えることのできる要素を有している。このようなかたちで、本書で検討したアイルランドの人々は、望ましい自然資源管理の達成という意味では「失敗」した現場においても、それぞれの日常生活を手がかりにして、農村アクセスをめぐる対立的状況と折り合い、不特定の他者と向き合っていくすべを生み出してきたのである。

その一方で、本書には多くの課題がいまだ残されているということも指摘しておかねばならない。ひとつは動態を捉える視点の不足である。田辺繁治が述べているように、日常的実践やそれが埋め込まれているコミュニティとは決して静態的なものではない（田辺 2002）。そして、ウォーカーによるアクセスに代表されるように、農村アクセスの現場における様々な実践もある特定の歴史的・社会的文脈のもとで生成されてくるものであり、それゆえそれらの文脈の変化に応じて農民やウォーカーの日常的実践やコミュニティの内実が変化する可能性も存在している。ただ、本書では日常的実践論がしばしば中心的な分析テーマとする、日常的実践やコミュニティをめぐる動態ではなく[12]、そのようなコミュニティとは直接的なリンクを作らないが活動現場を共有するアクターが、人々の日常的実践を通してその存在をいかに承認されうるのかという方向で分析をおこなったため、そのような動態性に関する分析は後景に退いてしまっている。よって、日常的実践やそれが埋め込まれたコミュニティの動態と本書で提起した「非定形な複数的資源管理」がいかなる関係を切り結ぶのかということについて調査・研究していくことは、今後の喫緊の課題である。

また、本書は質的調査という研究方法もあって、被調査者の対象や数が限られている。よって、例えば普段山歩きをほとんどおこなわない観光客や、土地の売買を頻繁におこなうような土地所有者、つまり一定の反復性・継続

---

[12] なお、日常的実践論においてはもうひとつ、そのような実践やそれが埋め込まれているコミュニティが持つ、ある種の「抵抗性」にも着目する傾向があるが（松田 2009）、これまで述べてきたように農村アクセス問題は「正義アプローチ」では捉えきれない側面があるので、そちらの傾向についてはここでは取り上げない。

性を前提とした日常的実践論では回収できないかもしれないアクターが、農村アクセスをめぐる事象に対していかなる関わりをもっているのかということについては、きちんと検討が出来ていない。したがって、今後はそのような、場合によっては「非定形な複数的資源管理」を揺るがすかもしれないアクターの動向や、本書で調査をおこなった農民やウォーカーとそのような人々の実践の間の差異についても、考察を深めていかねばならない。加えて、本書ではアイルランドの北・西部を主要な調査地としたが、第1章で述べたとおりアイルランドには農業をめぐる構造的な二重性が存在している。だが、農村アクセスをめぐる実践についての、そのようなアイルランド社会内での地域差の検討や、さらにはアイルランド社会全体と日本も含めた他の先進国社会の間の差異の検討といったことにも手がつけられていない。つまり、この「非定形な複数的資源管理」という現象がどの程度の普遍性をもっているのかということについては、本書は現段階ではっきりと論じることができないのである。

　このように、本書で提起した「非定形な複数的資源管理」をめぐる議論には、不十分な点も少なくない。ただ、対話が得られなくとも、システムが得られなくとも、正義が得られなくとも、それでも人々は互いの存在を認めあうすべを有しているという、この「非定形な複数的資源管理」の根本をなすテーゼは、自然資源管理研究を超えた社会学的な示唆を持ちうるものではないか。そのようなやや冒険的な展望とともに、今後の研究を進めていきたいと考えている。

おわりに

　私がアイルランドに関心を持ったきっかけは、10代の頃に日本で高まった「ケルトブーム」にホイホイと引っかかったことだった。雑誌やテレビ画面の向こうに広がる緑の牧草地や風光明媚な海岸線を眺めつつ、私は「いつかこの場所に行ってみたいなあ」などとナイーブな憧れを抱いていた。だが、それを調査研究というかたちで実現しようと決めたのは、大学院に入って数年が経ってからのことだった。当時、日本の地域社会の自然資源管理について研究をしていたこともあって、アイルランドで調査をおこなうための助成金に申請してみようという段になりとりあえずテーマとして選んだのが、農村アクセス問題だった。その頃ちょうど日本でもイギリスのフットパスなどが注目されつつあったので、タイムリーなトピックである気がしたのだ。しかし、実際にアイルランドに渡って研究を始めてみると、かつてのナイーブな憧れなど吹き飛んでしまうような、なかなかにシビアな現実が私を待ち受けていた。そして、「はじめに」で述べたように、農村アクセス問題の解決に何かしら貢献するような研究ができないかと奮闘はしてみたものの、私は結局何の役にも立たず、すごすごと帰国の途に就くことになったのである。
　帰国後、日本社会では国粋的なナショナリズムの動きが活発化していった。その中で私は排外主義など論外だと思う一方、「自分と異なる人々とも対話し、理解し合わねばならない」といった考えにも完全には納得がいかなかった。例えば、過疎地に住んでいるおばあちゃんに対して「他者ともっと対話しよう」などと言うことは何だか的外れではないだろうか。とはいえ、直接的な対話関係を築かなくとも他者と共存していく力を、このおばあちゃんは持ってはいないだろうか。そんなことを考えながら、私はアイルランドで出会った農民やウォーカーの「よく判らない相手をよく判らないまま受け入れる」ような作法のことを思い出していた。そして私は、農村アクセス問題の解決自体には何の貢献もできないかもしれないけれど、このような作法について論じることには多少なりとも意味があるのではないかと思うようになっ

た。それが、対話の能力が低く、システム設計の技術を持たず、正義を語る勇気のない私ができる——もしかしたらそんな私にしかできない——、アイルランドというフィールドに対する精いっぱいの返礼ではないのかと。本書によってそのような返礼がほんの少しでも実現していれば、望外の幸せである。

　本書は、2016年に京都大学大学院文学研究科に提出した博士学位論文「不特定多数のアクターを含んだ自然資源管理に関する社会学的研究——アイルランド共和国における農村アクセス問題の分析から」に加筆・修正をおこなったものである。本書の出版にあたっては釧路公立大学学術図書出版助成からの補助をいただいた。なお、本書に収められている各章の初出は以下のとおりである。

序章　　　書き下ろし

第1章　　書き下ろし。ただし、既発表論文の一部を転載

第2章　　北島義和、2013、「現代アイルランドにおける農村アクセス論争の初期展開——農民のフレーム戦略とウォーカーの参入をめぐって」『エール』32:67-85。

第3章　　北島義和、2015、「私的所有地のレクリエーション利用をめぐる作法——アイルランドにおける農村アクセス問題への対処から」『社会学評論』66(3):395-411。

第4章　　北島義和、2014、「対話の場の限界と非常事態の生みだすもの——アイルランドにおける農民とウォーカーの環境認識から」『京都社会学年報』22:1-21。

第5章　　北島義和、2013、「いかに農地は公衆に開かれうるか——アイルランドにおける農村アクセス問題をめぐって」『ソシオロ

ジ』57(3):3-19。

終章　　書き下ろし

　本書の執筆に際しては、本当に多くの方々にお世話になった。まずは、アイルランドのフィールドで出会った数多くの方々に感謝を伝えなければならない。ここでひとりひとりのお名前を挙げることはできないが、見ず知らずの私を受け入れ、たどたどしい英語で繰りだされる質問に辛抱強くつきあって頂いたことに、申し訳なさとありがたさでいっぱいである。皆さんのおかげで、私はシビアで、でもとても魅力的なアイルランドの現実を知ることができ、自分自身の立ち位置というものを確定させることができたのだ。また、ダブリン大学トリニティカレッジ社会学部のHilary Tovey先生には現地での受け入れ先になっていただき、研究の便宜を図っていただいた。先生の寛容さには頭が下がるばかりである。

　研究面においては、京都大学文学研究科社会学研究室の皆さんに大変お世話になった。特に松田素二先生には、学部生の頃からの長きにわたって、出来の悪い私の遅々とした歩みにお付き合いを頂いた。私が何とかここまで来られたのは先生のおかげであり、いくらお礼を申し上げても足りないくらいである。また、博士論文の審査をつとめてくださった伊藤公雄先生と秋津元輝先生にも、深く感謝したい。お二人の素敵な人柄や博識なコメントには私はいつも感嘆するばかりであった。それから、教務補佐員の松居和子さんには、何かと引きこもりがちな私をいつも気にかけていただいた。心からお礼を申し上げたい。

　本書の出版にあたっては、京都大学学術出版会の鈴木哲也さんにお世話になった。出版について何ひとつわからずジタバタする私に的確なご助言をいただいたことに、お詫びと感謝を申し上げたい。

　最後に、これまで私を見守っていてくれた家族へも感謝の気持ちを伝えたい。長い間心配をかけてしまってすみません、あまりうまく言えませんが心から愛しています。

2017年　アイルランドと景色の似た道東より

　　　　　　　　　　　　　　　北 島 義 和

参考文献

阿部健一
  2007 「グローバル・コモンズという考え方」秋道智彌編『資源人類学第6巻 資源とコモンズ』弘文堂、309-341。

Acheson, J.
  2015 "Private land and commons oceans: analysis of the development of property regimes", *Current Anthropology*, 56(1):28-55.

Acheson, J. M. and J. Acheson
  2010 "Maine land: private property and hunting commons", *International Journal of Commons*, 4:552-570.

足立重和
  2001 「公共事業をめぐる対話のメカニズム——長良川河口堰問題を事例として」、舩橋晴俊編『講座環境社会学第2巻 加害・被害と解決過程』有斐閣、145-176。

Agrawal, A.
  2002 "Common resources and institutional sustainability", Committee on the Human Dimensions of Global Change, *The Drama of Commons*, Washington D.C.: National Academy Press, 41-85.（＝2012、「共有資源と制度の持続可能性」茂木愛一郎・三俣学・泉留維監訳『コモンズのドラマ——持続可能な資源管理論の15年』知泉書館。）
  2014 "Studying the commons, governing common-pool resource outcomes: some concluding thoughts", *Environmental Science & Policy*, 36:86-91.

秋道智彌
  2004 『コモンズの人類学』人文書院。

荒山正彦・大城直樹・遠城明雄・渋谷鎮明・中島弘二・丹波弘一
  1998 『空間から場所へ——地理学的想像力の探求』古今書院。

Arendt, H.
  1958 *The Human Condition*, Chicago: The University of Chicago Press.（＝1994、志水速雄訳『人間の条件』筑摩書房。）

Armitage, D.
  2008 "Governance and the commons in a multi-level world", *International Journal of the Commons*, 2(1):7-32.

Armitage, D., R. de Loe and R. Plummer
  2012 "Environmental governance and its implications for conservation practice", *Conservation Letters*, 5:245-255.

Barry, L., T. van Rensburg and S. Hynes
   2011 "Improving the recreational value of Ireland's coastal resources: a contingent behavioral application", *Marine Policy*, 35(6): 764-771.
Benda-Beckmann, F. von, K. von Benda-Beckmann and M. Wiber
   2006 "The properties of property", F. von Benda-Beckmann, K. von Benda-Beckmann and M. Wiber eds., *Changing Properties of Property*, New York, Berghahn: 1-39.
Berge, E.
   2006 "Protected areas and traditional commons: values and institutions", *Norsk Geografisk Tidsskrift/Norwegian Journal of Geography*, 60: 65-76.
Bergin, J. and M. O'Rathaille
   1999 *Recreation in the Irish Uplands*, Report for Mountaineering Council of Ireland.
Berkes, F.
   2002 "Cross-scale institutional linkages: perspectives from the bottom up," Committee on the Human Dimensions of Global Change, *The Drama of the Commons*, Washington D.C.: National Academy Press, 293-321.（＝2012、「クロス・スケールな制度的リンケージ――ボトムアップからの展望」茂木愛一郎・三俣学・泉留維監訳『コモンズのドラマ――持続可能な資源管理論の15年』知泉書館。）
Berkes, F. ed.
   1989 *Common Property Resources: Ecology and Community-based Sustainable Development*, London, New York: Belhaven Press.
Berkes, F., P. George and R. Preston
   1991 "Co-management: the evolution of the theory and practice of joint administration of living resources", *Alternatives*, 18(2): 12-18.
Bland, P.
   2009 *Easement*, Dublin: Thomson Reuters Ireland Ltd.
Blomley, N. K.
   2008 "Enclosure, common right and the property of the poor", *Social & Legal Studies*, 17: 311-331.
Bodin, Ö. and B. I. Crona
   2009 "The role of social networks in natural resource governance: what relational patterns make a difference?", *Global Environmental Change*, 19: 366-374.
Breen, R., D. Hannan, B. Rottman and C. Whelan
   1990 *Understanding Contemporary Ireland: State, Class and Development in the Republic of Ireland*, Dublin: Gill and Macmillan.
Bromley, D. W. ed.
   1992 *Making the Commons Work: Theory, Practice and Policy*, San Francisco, CA: ICS Press.

Brown, K. M.
  2012 "Sharing public space across difference: attunement and the contested burdens of choreographing encounter", *Social & Cultural Geography*, 13(7): 801–820,

Buckley, C., S. Hynes and T. van Rensburg
  2009a "Recreational demand for farm commonage in Ireland: a contingent valuation assessment", *Land Use Policy*, 26: 846–854.
  2009b "Walking in the Irish countryside: landowner preferences and attitudes to improved public access provision", *Journal of Environmental planning and Management*, 52(8): 1053–1070.

Bull, C.
  1996 "Access opportunities in community forests: public attitudes and access developments in the Marston Vale", C. Watkins ed., *Rights of Way: Policy, Culture and Management*, London: A Cassel Imprint, 213–225.

Burger, J. and J. Leonard
  2000 "Conflict resolution in coastal waters: the case of personal watercraft", *Marine Policy*, 24(1): 61–67.

Burger, J., E. Ostrom, R. B. Norgaard, D. Policansky, B. D. Goldstein eds.
  2001 *Protecting the Commons: A Framework for Resource Management in the Americas*, Washington, D.C.: Island Press.

Butler, D.
  2006 *Rough Shooting in Ireland*, Shropsire: Merlin Unwin Books.

Campion, R. and J. Stephenson
  2014 "Recreation on private property: landowner attitudes towards Allemansrätt", *Journal of Policy Research in Tourism, Leisure and Events*, 6: 1, 52–65.

Carlsson, L. and F. Berkes
  2005 "Co-management: concepts and methodological implications," *Journal of Environmental Management*, 75: 65–76.

Carlsson, L. and A. Sandstrom
  2008 "Network governance of the commons", *International Journal of the Commons*, 2(1): 33–54.

Cawley, M.
  2010 "Negotiating access to the countryside under restructuring in Ireland", D. G. Winchell, D. Ramsey, R. Koster and G. M. Robinson eds., *Geographical Perspectives on Sustainable Rural Change*, Brandon: Brandon University Press, 78–89.

Central Statistics Office
  2012a *2011 Census of Population*, Dublin: The Stationary Office.
  2012b *Census of Agriculture 2010: Final Results*, Dublin: The Stationery Office.

Church, A., P. Gilchrist and N. Ravenscroft
  2007 "Negotiating recreational access under asymmetrical power relations: the case of inland waterways in England", *Society and Natural Resources*, 20:213-227.
Church, A. and N. Ravenscroft
  2008 "Landowner responses to financial incentive schemes for recreational access to woodlands in South East England", *Land Use Policy*, 25:1-16.
Commins, P.
  1986 "Rural social change", P. Clancy, S. Drudy, K. Lynch and L. O'Dowd eds., *Ireland: A Sociological Profile*, Dublin: the Institute of Public Administration, 47-69.
  1995 "The European economy and the Irish rural economy", P. Clancy, S. Drudy, K. Lynch and L. O'Dowd eds., *Irish Society: Sociological Perspectives*, Dublin: the Institute of Public Administration, 178-204.
  1996 "Agricultural production and the future of small-scale farming", C. Curtin, T. Haase and H. Tovey eds., *Poverty in Rural Ireland: A Political Economy Perspective*, Dublin: Oak Tree Press, 87-126.
Conley, A. and M. A. Moote
  2003 "Evaluating collaborative natural resource management", *Society and Natural Resources*, 16:371-386.
Corbin, A.
  1995 *L'Avènement des Loisirs 1850-1960*, Paris: Aubier. (＝2000、渡辺響子訳『レジャーの誕生』藤原書店。)
Cox, G., C. Watkins and M. Winter
  1996 "Game management and access to the countryside", C. Watkins ed., *Rights of Way: Policy, Culture and Management*, London: A Cassel Imprint, 197-212.
Crabtree, B.
  1996 "Developing market approaches to the provision of access", C. Watkins ed., *Rights of Way: Policy, Culture and Management*, London: A Cassel Imprint, 226-237.
Crabtree, J. R., N. A. Chalmers and Z. E. D. Appleton
  1994 "The costs to farmers and estate owners of public access to the countryside", *Journal of Environmental Planning and Management*, 37(4):415-429.
Crowley, C., J. Walsh and D. Meredith
  2008 *Irish Farming at the Millennium: A Census Atlas*, Maynooth: NIRSA.
Crowley, E.
  2006 *Land Matters: Power Struggles in Rural Ireland*, Dublin: The Lilliput Press.
Curry, N.
  1994 *Countryside Recreation, Access and Land Use Planning*. London: E. and F. N. Spon.

2001a "Rights of access to land for outdoor recreation in New Zealand: dilemmas concerning justice and equity", *Journal of Rural Studies*, 17(4): 409-419.

2001b "Access for outdoor recreation in England and Wales: production, consumption and markets", *Journal of Sustainable Tourism*, 9(5): 400-416.

Curtis, J. A. and J. Williams

    2004 *A National Survey of Recreational Walking in Ireland*, Economic and Social Research Institute.

Dietz, T., N. Dolšak, E. Ostrom and P. C. Stern

    2002 "The drama of the commons", Committee on the Human Dimensions of Global Change, *The Drama of the Commons*, Washington D.C.: National Academy Press, 3-35.（＝2012、「コモンズのドラマ」茂木愛一郎・三俣学・泉留維監訳『コモンズのドラマ——持続可能な資源管理論の15年』知泉書館。）

Dolšak, N. and E. Ostrom eds.

    2003 *The Commons in the New Millennium: Challenges and Adaptation*, Cambridge, Mass, London: MIT.

Dufour, A., I. Mauz, J. Remy, C. Bernard, L. Dobremez, A. Havet, Y. Pauthenet, J. Pluvinage and E. Tchakerian

    2007 "Multifunctionality in agriculture and its agents: regional comparisons", *Sociologia Ruralis*, 47(4): 316-342.

Edensor, T.

    2000 "Walking in the British countryside: reflexivity, embodied practices and ways to escape", *Body & Society*, 6(3-4): 81-106.

Edwards, V. M. and N. A. Steins

    1998 "Developing an analytical framework for multiple-use commons", *Journal of Theoretical Politics*, 10(3): 347-383.

Elgåker, H., S. Pinzke, C. Nilsson and G. Lindholm

    2012 "Horse riding posing challenges to the Swedish right of public access", *Land Use Policy*, 29: 274-293.

Evans, J. P.

    2012 *Environmental Governance*, London: Routledge.

FACE-Ireland

    2004 *Hunting in Ireland*.

Failte-Ireland

    2010a *Hiking/Hillwalking 2009*.

    2010b *Domestic Tourism 2009*.

Feehan, J. and D. O'Connor

    2009 "Agriculture and multifunctionality in Ireland", J. McDonough, T. Varley and S. Shortall eds., *Living Countryside?: The Politics of Sustainable Development in Rural Ireland*, London: Ashgate, 123-137.

Flegg, E.
    2004   "Freedom to roam?", *Countryside Recreation*, 12(2):24-27.

Folke, C., T. Hahn, P. Olsson and J. Norberg
    2005   "Adaptive governance of social-ecological systems", *Annual Review of Environmental Resources*, 30:441-473.

藤村美穂
    2001   「『みんなのもの』とは何か――むらの土地と人」井上真・宮内泰介編『コモンズの社会学――森・川・海の資源管理を考える』新曜社、32-54。
    2006   「土地への発言力――草原の利用をめぐる合意と了解のしくみ」、宮内泰介編『コモンズをささえるしくみ――レジティマシーの環境社会学』新潮社、108-125。
    2009   「資源と景観――阿蘇山の草原」鳥越皓之・家中茂・藤村美穂『景観形成とコミュニティ――地域資本を増やす景観政策』農山漁村文化協会、121-163。

福永真弓
    2010   『多声性の環境倫理――サケが生まれ帰る流域の正統性のゆくえ』ハーベスト社。

舩橋晴俊
    1995   「環境問題の社会学的視座――『社会的ジレンマ論』と『社会制御システム論』」、『環境社会学研究』1:5-20。

Gabriel, T.
    1977   "An anthropological perspective on land in Western Ireland", *Anglo-Irish Studies*, 3:71-84.

Gadaud, J. and M. Rambonilaza
    2010   "Amenity values and payment schemes for free recreation services from non-industrial private forest properties: a French case study", *Journal of Forest Economics*, 16:297-311.

Gentle, P., J. Bergstrom, K. Cordell and J. Teasley
    1999   "Private landowner attitudes concerning public access for outdoor recreation: cultural and political factors in the United States", *Journal of Hospitality & Leisure Marketing*, 6(1):47-65.

Gilchrist, P. and N. Ravenscroft
    2008   "'Power to the paddlers'?: the Internet, governance and discipline", *Leisure Studies*, 27(2):129-148.
    2011   "Paddling, property and piracy: the politics of canoeing in England and Wales", *Sports in Society: Cultures, Commerce, Media, Politics*, 14(2):175-192.

Glasbergen, P. ed.
    1998   *Co-operative Environmental Governance: Public-private Agreements as a Policy Strategy*, Dordrecht, Boston: Kluwer Academic Pub.

Gooch, P.
  2008 "Feet following hooves", T. Ingold and J. L. Vergunst eds., *Ways of Walking: Ethnography and Practice on Foot*, Hampshire: Ashgate, 67-80.
Gray, J.
  1999 "Open spaces and dwelling places: being at home on hill farms in the Scottish borders", *American Ethnologist*, 26(2): 440-460.
Hall, K., F. Cleaver, T. Franks, and F. Maganga
  2014 "Capturing critical institutionalism: a synthesis of key themes and debates", *European Journal of Development Research*, 26: 71-86.
Hammitt, W. E., P. E. Kaltenborn, R. Emmelin and J. Teigland
  1992 "Common access tradition and wilderness management in Norway: a paradox for managers", *Environmental Management*, 16(2): 149-156.
Hann, C.
  1998 "Introduction: the embeddedness of property", C. Hann ed., *Property Relations: Renewing Anthropological Traditions*, Cambridge: Cambridge University Press, 1-47.
Hannan, D. and R. Breen
  1987 "Family farming in Ireland", in B. Galeski and E. Wilkening eds., *Family Farming in Europe and America*, Oxford: Westview Press, 39-69.
Hannan, D. and P. Commins
  1992 "The significance of small-scale landholders in Ireland's socio-economic transformation", J. Goldthrope and C. Whelan eds., *The Development of Industrial Society in Ireland*, Oxford: Oxford University Press, 70-104.
Hardin, G.
  1968 "The tragedy of the commons", *Science*, 162: 1243-1248.（＝1993、桜井徹訳、「共有地の悲劇」シュレーダー・フレチェット編『環境の倫理（下）』晃洋書房：444-471。）
長谷千代子
  2007 『文化の政治と生活の詩学――中国雲南省徳宏タイ族の日常的実践』風響社。
橋本和也
  2011 『観光経験の人類学――みやげものとガイドの「ものがたり」をめぐって』世界思想社。
Healy, R. G.
  1994 "The "common-pool" problem in tourism landscapes", *Annals of Tourism Research*, 21(3): 596-610.
  2006 "The commons problem and Canada's Niagara falls", *Annals of Tourism Research*, 33(2): 525-544.

平川全機
- 2005 「継続的な市民参加における公共性の担保——ホロヒラみどり会議・ホロヒラみどりづくりの会の6年」『環境社会学研究』11：160-173。

平松紘
- 1999 『イギリス　緑の庶民物語——もうひとつの自然環境保全史』明石書店。
- 2003 「イギリスにおける『歩く権利法』と自然保護——自然共用制に向けて」環境法政策学会『環境政策における参加と情報的手法』商事法務、166-174。

平野悠一郎・泉留維
- 2012 「近年の日本のフットパス事業をめぐる関係構造」『専修人間科学論集　社会学篇』2(2)：127-140。

廣川祐司
- 2013 「現代社会に適合した新たなコモンズの探求——荒廃する里山の再生にむけて」間宮陽介・廣川祐司編『コモンズと公共空間——都市と農漁村の再生に向けて』昭和堂、49-76。
- 2014 「地域活性化のツールとしてのフットパス観光——公共性を有した地域空間のオープンアクセス化を目指して」『地域課題研究』59-74。

Hoggart, K. and A. Paniagua
- 2001 "What rural restructuring?", *Journal of Rural Studies*, 17：41-62.

Holden, A.
- 2005 "Achieving a sustainable relationship between common pool resources and tourism: the role of environmental ethics", *Journal of Sustainable Tourism*, 13(4)：339-352.

本間義人
- 1977 『入浜権の思想と行動——海はみんなのもの、渚をかえせ！』御茶の水書房。

Howley, P., E. Doherty. C. Buckley, S. Hynes, T. van Rensburg and S. Green
- 2012 "Exploring preferences towards the provision of farmland walking trails: a supply and demand perspective", *Land Use Policy*, 29：111-118.

市川昌広・生方史数・内藤大輔編
- 2010 『熱帯アジアの人々と森林管理制度——現場からのガバナンス論』人文書院。

Ingold, T.
- 2000 *The Perception of the Environment: Essays on Livelihood, Dwelling and Skill*, London: Routledge.
- 2007 *Lines: A Brief History*, London: Routledge.（＝2014、工藤晋訳『ラインズ——線の文化史』左右社。）

井上真
- 2001 「自然資源の共同管理としてのコモンズ」井上真・宮内泰介編『コモンズ

    2004 『コモンズの思想を求めて——カリマンタンの森で考える』岩波書店。
    2008 「コモンズ論の遺産と展開」井上真編『コモンズ論の挑戦——新たな資源管理を求めて』新曜社、197-215。
    2009 「自然資源『協治』の設計指針——ローカルからグローバルへ」室田武編『グローバル時代のローカル・コモンズ』ミネルヴァ書房、3-25。
    2010 「汎コモンズ論へのアプローチ」山田奨治編『コモンズと文化』東京堂出版、234-262。
井上真・宮内泰介編
    2001 『コモンズの社会学——森・川・海の資源管理を考える』新曜社。
Jenkins, J. M. and E. Prin
    1998 "Rural landholder attitudes: the case of public recreational access", R. Butler, M. Hall and J. Jenkins eds., *Tourism and Recreation in Rural Areas*, Chichester: John Wiley & Sons, 179-196.
嘉田由紀子
    2001 『水辺ぐらしの環境学——琵琶湖と世界の湖から』昭和堂。
甲斐道太郎・稲本洋之助・戒能通厚・田山輝明
    1979 『所有権思想の歴史』有斐閣。
Kaltenborn, B., H. Haaland and K. Sandel
    2001 "The public right of access: some challenges to sustainable tourism development in Scandinavia", *Journal of Sustainable Tourism*, 9(5):417-433.
神谷由紀子編
    2014 『フットパスによるまちづくり——地域の小径を楽しみながら歩く』水曜社。
香月洋一郎
    2000 『景観の中の暮らし——生産領域の民俗（改定新版）』未来社。
Keohane, R. O. and E. Ostrom eds.
    1995 *Local Commons and Global Interdependence: Heterogeneity and Cooperation in Two Domains*, London: Sage.
鬼頭秀一
    1996 『自然保護を問い直す——環境倫理とネットワーク』ちくま書房。
    1998 「環境運動／環境理念研究における『よそ者』論の射程——諫早湾と奄美大島の『自然の権利』訴訟の事例を中心に」『環境社会学研究』4:44-58。
近藤隆二郎
    1999 「コモンズとしての写し巡礼地」『環境社会学研究』5:104-121。
    2006 「写されたシナリオの正統性と更新」宮内泰介編『コモンズをささえるしくみ——レジティマシーの環境社会学』新曜社、82-107。
Lane, B.
    1994 "What is rural tourism?", *Journal of Sustainable Tourism*, 2:7-21.

Lee, J.
 2007 "Experiencing landscape: Orkney hill land and farming", *Journal of Rural Studies*, 23:88-100.
Lemos, M. C. and A. Agrawal
 2006 "Environmental governance", *Annual Review of Environmental Resources*, 31:297-325.
Lorimer, H. and K. Lund
 2003 "Performing facts: finding a way over Scotland's mountains", B. Szerszynski, W. Heim and C. Waterton eds., *Nature Performed: Environment, Culture and Performance*, London: Blackwells, 130-144.
MacFarlane, A.
 1998 "The mystery of property: inheritance and industrialization in England and Japan", C. Hann ed., *Property Relations: Renewing Anthropological Traditions*, Cambridge: Cambridge University Press, 104-123.
MaNaghten, P. and J. Urry
 2000 "Bodies of nature: introduction", *Body & Society*, 6(3-4):1-11.
Mansfield, B.
 2004 "Neoliberalism in the oceans: "rationalization," property rights, and the commons question", *Geoforum*, 35:313-326.
Marsden, T.
 1999 "Rural futures: the consumption countryside and its regulation", *Sociologia Ruralis*, 39(4):501-520.
Mather, A. S., G. Hill and M. Nijnik
 2006 "Post-productivism and rural land use: cul de sac or challenge for theorization?", *Journal of Rural Studies* 22:441-455.
松田素二
 2009 『日常人類学宣言！——生活世界の深層へ／から』世界思想社。
松本泰子
 2001 「国際環境NGOと国際環境協定」長谷川公一編『講座環境社会学　環境運動と政策のダイナミズム』有斐閣、179-210。
松村圭一郎
 2008 『所有と分配の人類学——エチオピア農村社会の土地と富をめぐる力学』世界思想社。
松村正治
 2015 「地域主体の生物多様性保全」大沼あゆみ・栗山浩一編『シリーズ環境政策の地平４　生物多様性を保全する』岩波書店、99-121。
松尾太郎
 1991 「現代アイルランド入会地紛争」『経済志林』59(3):61-112。

松下和夫編
 2007 『環境ガバナンス論』京都大学学術出版会。

松下和夫・大野智彦
 2007 「環境ガバナンス論の新展開」松下和夫編『環境ガバナンス論』京都大学学術出版会、3-32。

McCay, B. J.
 1998 *Oyster Wars and the Public Trust: Property, Law, and Ecology in New Jersey History*, Tucson: University of Arizona Press.
 2002 "Emergence of institutions for the commons: contexts, situations, and events", Committee on the Human Dimensions of Global Change, *The Drama of the Commons*, Washington D.C.: National Academy Press, 361-402.（=2012、「コモンズにおける制度生成——コンテクスト・状況・イベント」茂木愛一郎・三俣学・泉留維監訳『コモンズのドラマ——持続可能な資源管理論の 15 年』知泉書館。）

McCay, B. J. and J. M. Acheson eds.
 1987 *The Question of the Commons: The Culture and Ecology of Communal Resources*, Tucson, AZ: University of Arizona Press.

McGrath, B.
 1996 "Environmentalism and property rights: the Mullaghmore interpretive centre dispute", *Irish Journal of Sociology*, 6: 25-47.

McIntyre, N., J. Jenkins and K. Booth
 2001 "Global influences on access: the changing face of access to public conservation lands in New Zealand", *Journal of Sustainable Tourism*, 9(5): 434-450.

McKenna, J., A. M. O'Hagan, J. Power, M. McLeod and A. Cooper
 2007 "Coastal dune conservation on Irish commonage: community-based management or tragedy of the commons?", *The Geographical Journal*, 173(2): 157-169.

Mehta, L., M. Leach, and I. Scoones
 2001 "Editorial: environmental governance in an uncertain world", *IDS Bulletin*, 32(4): 1-9.

Merriman, P.
 2005 "Respect the life of the countryside: the country code, government and the conduct of visitors to the countryside in post-war England and Wales", *Transactions of the Institute of British Geographers*, 30(3): 336-350.

Michael, M.
 2000 "These boots are made for walking...: mundane technology, the body and human-environment relations", *Body & Society*, 6(3-4): 107-126.

三上直之
 2009 『地域環境の再生と円卓会議——東京湾三番瀬を事例として』日本評論社。

Milton, K.
　1997　"Modernity and postmodernity in the Northern Irish countryside", H. Donnan and G. McFarlane eds., *Culture and Policy in Northern Ireland - Anthropology in the Public Arena*, Belfast: The Institute of Irish Studies, The Queen's University of Belfast, 17-35.

三俣学
　2010　「コモンズ論の射程拡大の意義と課題――法社会学における入会研究の新展開に寄せて」『法社会学』73：148-167。

三俣学・嶋田大作・大野智彦
　2006　「資源管理問題へのコモンズ論・ガバナンス論・社会関係資本論からの接近」『商大論集』57(3)：19-62。

宮内泰介
　2006　「レジティマシーの社会学へ――コモンズにおける承認のしくみ」、宮内泰介編『コモンズをささえるしくみ――レジティマシーの環境社会学』新曜社、1-32。
　2011　『開発と生活戦略の民族誌――ソロモン諸島アノケロ村の自然・移住・紛争』新曜社。

宮内泰介編
　2013　『なぜ環境保全はうまくいかないのか――現場から考える「順応的ガバナンス」の可能性』新泉社。

Morris, J., S. Colombo, A. Angus, K. Stacey, D. Parsons, M. Brawn and N. Hanley
　2009　"The value of public rights of way: a choice experiment in Bedfordshire, England", *Landscape and Urban Planning*, 93：83-91.

Mulder, C., S. Shibli and J. Hale
　2006　"Rights of way improvement plans and increased access to the countryside in England: some key issues concerning supply", *Managing Leisure*, 11：96-115.

村田周祐
　2010　「エコスポーツによる観光開発の正当化とその論理――『生活の海』の重層的利用をめぐる漁民の対応」『ソシオロジ』55(1)：21-37。
　2014　「地域空間のスポーツ利用をめぐる軋轢と合意――生活基準の関係にもとづく漁師とサーファーの共存」『ソシオロジ』59(2)：3-20。

Murdoch, J., P. Lowe, P. Ward and T. Marsden
　2003　*The Differentiated Countryside*, London: Routledge.

室田武・三俣学
　2004　『入会林野とコモンズ』日本評論社。

Neef, A. and D. Thomas
　2009　"Rewarding the upland poor for saving the commons?: evidence from Southeast Asia", *International Journal of the Commons*, 3(1)：1-15.

Netting, R. M.
   1981　*Balancing on an Alp: Ecological Change and Continuity in a Swiss Mountain Community*, New York: Cambridge University Press.
新川達郎
   2012　「環境ガバナンスの変化に関する実証的研究――『滋賀県琵琶湖のレジャー利用の適正化に関する条例』2011年改正を事例として」『社会科学』42(1): 1-32。
農林水産省
   2015　『食料・農業・農村基本計画』。
越智正樹
   2003　「農地開発を巡る紛争における『問題』解釈の分析――沖縄県西表島の土地改良事業を事例として」『村落社会研究』10(1): 28-39。
岡本伸之編
   2001　『観光学入門――ポスト・マスツーリズムの観光学』有斐閣。
O'Leary, P.
   2015　*The Way That We Climbed: A History of Irish Hillwalking, Climbing and Mountaineering*, Cork: The Collins Press.
Olwig, K.
   2002　*Landscape, Nature and the Body Politic: From Britain's Renaissance to America's New World*, Wisconsin: University of Wisconsin Press.
Ostrom, E.
   1990　*Governing the Commons: The Evolution of Institutions for Collective Action*, New York: Cambridge University Press.
   2007　"A diagnostic approach for going beyond panaceas", *Proceedings of the National Academy of Sciences*, 104(39): 15181-15187.
Paavola, J.
   2007　"Institutions and environmental governance: a reconceptualization", *Ecological Economics*, 63(1): 93-103.
Parker, G.
   1996　"ELMs disease: stewardship, corporatism and citizenship in the English Countryside", *Journal of Rural Studies*, 12(4): 399-411.
   1999　"Rights, symbolic violence and the micro-politics of the rural: the case of the Parish Paths Partnership scheme", *Environment & Planning A*, 31: 1207-1222.
   2002　*Citizenships, Contingency and the Countryside*, London: Routledge.
Parker, G. and N. Ravenscroft
   2001　"Land, rights and the gift: the Countryside and Rights of Way Act 2000 and the negotiation of citizenship", *Sociologia Ruralis*, 41(4): 381-398.
Pinkerton, E. ed.
   1989　*Cooperative Management of Local Fisheries: New Directions for Improved Man-*

agement and Community Development, Vancover: University of British Columbia Press.
Plummer, R. and D. Armitage
  2007a "Crossing boundaries, crossing scales: the evolution of environment and resource co-management", *Geography Compass*, 1(4), 834-849.
  2007b "A resilience-based framework for evaluating adaptive co-management: linking ecology, economics and society in a complex world", *Ecological Economics*, 61:62-74.
Potter, C. and M. Tilzey
  2005 "Agricultural policy discourses in the European post-Fordist transition: neoliberalism, neomercantilism and multifunctionality", *Progress in Human Geography*, 29(5):581-600.
Ravenscroft, N.
  1995 "Recreational access to the countryside of England and Wales: popular leisure as the legitimation of private property", *Journal of Property Research*, 12(1): 63-74.
Ravenscroft, N., A. Church and G. Parker
  2012 "'Whose land is it anyway?': deconstructing the nature of property rights and their regulation", C. Certomà, N. Clewer and D. Elsey eds., *The Politics of Space and Place*, Newcastle upon Tyne: Cambridge Scholars Publishing, 234-257.
Ravenscroft, N., N. Curry and S. Markwell
  2002 "Outdoor recreation and participative democracy in England and Wales", *Journal of Environmental Planning and Management*, 45(5):715-734.
Ravenscroft, N. and P. Gilchrist
  2010 "Outdoor recreation and the environment", P. Bramham and S. Wagg eds., *The New Politics of Leisure and Pleasure*, Basingstoke: Palgrave Macmillan, 45-62.
Relph, E. C.
  1976 *Place and Placelessness*, London: Pion. (=1991、高野岳彦ほか訳『場所の現象学』筑摩書房。)
Ribot, J. and N. Peluso
  2003 "A theory of access", *Rural Sociology*, 68(2):153-81.
Ryan, R. L. and J. T. H. Walker
  2004 "Protecting and managing farmland and public greenways in urban fringe", *Landscape and Urban Planning*, 68:183-198.
Rydin, Y. and E. Falleth eds.
  2006 *Networks and Institutions in Natural Resource Management*, Cheltenham: Edward Elgar Publishing.

齋藤暖生
　2009　「半栽培とローカル・ルール――きのことつきあう作法」宮内泰介編『半栽培の環境社会学――これからの人と自然』昭和堂、155-179。
齋藤純一
　2000　『公共性』、岩波書店。
Salazar, C.
　1999　"On blood and its alternatives: an Irish history", *Social Anthropology*, 7(2): 155-167.
Sandell, K.
　2006　"Access under stress: the right of public access tradition in Sweden", N. McIntyre, D. R. Williams and K. E. McHugh eds., *Multiple Dwelling and Tourism: Negotiating Place, Home and Identity*, New York: CABI Publishing, 278-294.
佐竹五六・池田恒男
　2006　『ローカルルールの研究――海の『守り人』論2』、まな出版。
Schlueter, A.
　2008　"Small-scale European forestry, an anticommons?", *International Journal of the Commons*, 2(2): 248-268.
Scott, P.
　1991　*Countryside Access in Europe: A Review of Access Rights, Legislation and Provision in Selected European Countries*, Report for Scottish Natural Heritage.
　1998　*Access to the Countryside in Selected European Countries: A Review of Access Rights Legislation and Associated Arrangements in Denmark, Germany, Norway and Sweden*, Scottish Natural Heritage and the Countryside Commission.
Segrell, B.
　1996　"Accessing the attractive coast: conflicts and co-operation in the Swedish coastal landscape during the twentieth century", C. Watkins ed., *Rights of Way: Policy, Culture and Management*, London: A Cassel Imprint, 142-162.
関礼子
　1999　「この海をなぜ守るか――織田が浜運動を支えた人びと」鬼頭秀一編『講座人間と環境12　環境の豊かさをもとめて――理念と運動』昭和堂、126-149。
　2001　「環境権の思想と運動――〈抵抗する環境権〉から〈参加と自治の環境権〉へ」長谷川公一編『講座環境社会学第4巻　環境運動と政策のダイナミズム』有斐閣、211-236。
　2009　「半栽培の物語――野生と栽培の『あいだ』にある防風林」宮内泰介編『半栽培の環境社会学――これからの人と自然』昭和堂、180-200。
関礼子・中澤秀雄・丸山康司・田中求
　2009　『環境の社会学』有斐閣。

関良基
　2005　『複雑適応系における熱帯林の再生――違法伐採から持続可能な林業へ』御茶の水書房。

Share, P., H. Tovey and M. Corcoran
　2007　*A Sociology of Ireland*, Dublin: Gill and Macmillan Ltd.

嶋田大作
　2014　「新たに創出される開放型コモンズ――カナダ・オンタリオ州のブルース・トレイルを事例に」三俣学編『エコロジーとコモンズ――環境ガバナンスと地域自立の思想』晃洋書房、165-190。

嶋田大作・斎藤暖生・三俣学
　2010　「万人権による自然資源利用――ノルウェー、スウェーデン、フィンランドの事例を基に」、三俣学・菅豊・井上真編『ローカル・コモンズの可能性――自治と環境の新たな関係』ミネルヴァ書房、64-88。

新保輝幸・松本充郎編
　2012　『変容するコモンズ――フィールドと理論のはざまから』ナカニシヤ出版

篠塚昭次
　1974　『土地所有権と現代――歴史からの展望』日本放送出版協会。

Shoard, M.
　1999　*A Right to Roam*, London: Grafton.

庄司康
　2011　「自然地域におけるレクリエーション研究の展開と今後の展望」『林業経済研究』57(1):27-36。

Sidaway, R.
　2005　*Resolving Environmental Disputes: From Conflict to Consensus*, London: Earthscan.

Sikor, T. and C. Lund
　2009　"Access and property: a question of power and authority", *Development and Change*, 40(1):1-22.

Snow, D. A., E. B. Rochford, Jr., S. K. Worden and R. D. Bedford
　1986　"Frame alignment process: mobilization and movement participation", *American Sociological Review*, 51:464-481.

Snyder, S. A. and B. J. Butler
　2012　"A national assessment of public recreational access on family forestlands in the United States", *Journal of Forestry*, 110(6):318-327.

Snyder, S. A., M. A. Kilgore, S. J. Taff, and J. M. Schertz
　2008　"Estimating a family forest landowner's likelihood of posting their land against trespass", *Northern Journal of Applied Forestry*, 25(4):180-185.

Solnit, R.
　2009　*A Paradise Built in Hell: The Extraordinary Communities That Arise in Disaster*,

New York: Viking.（＝2010、高月園子訳『災害ユートピア――なぜそのとき特別な共同体が立ち上がるのか』亜紀書房。）

Steins, N. A. and V. M. Edwards
　1999　"Platforms for collective action in multiple-use common-pool resources", *Agriculture and Human Values*, 16(3): 241-255.

Sténs, A. and C. Sandström
　2012　"Divergent interests and ideas around property rights: the case of berry harvesting in Sweden", *Forest Policy and Economics*, 33: 56-62.

Stern, P. C., T. Dietz, N, Dolšak, N., E. Ostrom and S. Stonich
　2002　"Knowledge and questions after 15 years of research", Committee on the Human Dimensions of Global Change, *The Drama of the Commons*, Washington D.C.: National Academy Press, 445-489.（＝2012、「15年間の研究を経て得られた知見と残された課題」茂木愛一郎・三俣学・泉留維監訳『コモンズのドラマ――持続可能な資源管理論の15年』知泉書館。）

菅豊
　2005　『川は誰のものか――人と環境の民俗学』吉川弘文館。
　2006　「里川と異質性社会――あらそう人びと、つながる人びと」鳥越皓之・嘉田由紀子・陣内秀信・沖大幹編『里川の可能性――利水・治水・守水を共有する』新曜社、36-65。
　2014　「ガバナンス時代のコモンズ論――社会的弱者を包括する社会制度の構築」三俣学編『エコロジーとコモンズ――環境ガバナンスと地域自立の思想』晃洋書房、233-252。

鈴木龍也
　2006　「コモンズとしての入会」鈴木龍也・富野暉一郎編『コモンズ論再考』晃洋書房、221-252。

多辺田正弘
　1990　『コモンズの経済学』学陽書房。

立川雅司
　2005　「ポスト生産主義への移行と農村に対する『まなざし』の変容」『村落社会研究』41: 7-40。

高村学人
　2009　「コモンズ研究のための法概念の再定位――社会科学との協働を志向して」『社会科学研究』60(5/6): 81-116。
　2012　『コモンズからの都市再生――地域共同管理と法の新たな役割』ミネルヴァ書房。
　2014　「現代総有論の歴史的位相とその今日的意義」五十嵐敬喜編『現代総有論序説』ブックエンド、60-83。

竹川大介
　2003　「実践知識を背景とした環境への権利――宮古島潜水漁業者と観光ダイ

バーの確執と自然観」『国立歴史民俗博物館研究報告』105：89-122。
武中桂
 2008a 「環境保全政策における『歴史』の再構成——宮城県蕪栗沼のラムサール条約登録に関する環境社会学的考察」『社会学年報』37：49-58。
 2008b 「『実践』としての環境保全政策——ラムサール条約登録湿地・蕪栗沼周辺水田における『ふゆみずたんぼ』を事例として」『環境社会学研究』14：139-154。

田辺繁治
 2002 「日常的実践のエスノグラフィー——語り・コミュニティ・アイデンティティ」田辺繁治・松田素二編、2002、『日常的実践のエスノグラフィー——語り・コミュニティ・アイデンティティ』世界思想社、1-38。

富田涼都
 2009 「政策から政／祭へ——熟議型市民政治とローカルな共的管理の対立を乗り越えるために」、鬼頭秀一・福永真弓編『環境倫理学』東京大学出版会、227-239。
 2010 「自然環境に対する協働における『一時的な同意』の可能性——アザメの瀬自然再生事業を例に」『環境社会学研究』16：79-93。
 2013 「なぜ順応的管理はうまくいかないのか——自然再生事業における順応的管理の『失敗』から考える」宮内泰介『なぜ環境保全はうまくいかないのか——現場から考える「順応的ガバナンス」の可能性』新泉社、30-47。

Tourism Policy Review Group
 2003 *New Horizens for Irish Toursim: An Agenda for Action*.

Tovey, H.
 1994 "Rural management, public discourses and the farmers as environmental actor", D. Symes and A. J. Jansen eds., *Agricultural Restructuring and Rural Change in Europe*, Wageningen: Wageningen Agricultural University, 209-219.
 2008 "Food and rural sustainable development", S. O'Sullivan ed. *Contemporary Ireland: A Sociological Map*, Dublin: UCD Press, 283-298.

Tuan, Y.
 1974 *Topophilia: A Study of Environmental Perception, Attitudes and Values*, New Jersey: Prentice-Hall, Englewood Cliffs.（＝1992、小野有五・阿部一訳『トポフィリア——人間と環境』せりか書房。）

植田和弘
 2008 「持続可能な発展の重層的環境ガバナンス」『社会学年報』37：31-40。

Urry, J.
 2000 *Sociology beyond Societies: Mobilities for the Twenty-first Century*, London: Routledge.（＝2006、吉原直樹監訳『社会を越える社会学——移動・環境・シチズンシップ』法政大学出版局。）

2007　*Mobilities*, Cambridge: Polity Press.（＝2015、吉原直樹・伊藤嘉高訳『モビリティーズ──移動の社会学』作品社。）

Uslaner, E.
2002　*The Moral Foundations of Trust*, Cambridge: Cambridge University Press.

Vail, D. and T. Heldt
2004　"Governing snowmobilers in multi-use landscapes: Swedish and Maine (USA) cases", *Ecological Economics*, 48: 469-483.

Vail, D. and L. Hultkrantz
2000　"Property rights and sustainable nature tourism: adaptation and mal-adaptation in Dalarna (Sweden) and Maine (USA)", *Ecological Economics*, 35: 223-242.

Van Laerhoven, F. and E. Ostrom
2007　"Traditions and trends in the study of the commons", *International Journal of the Commons*, 1(1): 3-28.

Van Rensburg, T., E. Doherty and C. Murray
2006　*Governing Recreational Activities in Ireland: A Partnerships Approach to Sustainable Tourism*, Working Paper No.113, Department of Economics, National University of Ireland, Galway.

Vergunst, J.
2012　"Farming and the nature of landscape: stasis and movement in regional landscape tradition", *Landscape Research*, 37(2): 173-190.
2013　"Scottish land reform and the idea of 'outdoors'", *Ethnos*, 78(1): 121-146.

Vergunst, J. and A. Árnason
2012　"Introduction: routing landscape: ethnographic studies of movement and journeying", *Landscape Research*, 37(2): 147-154.

脇田健一
2009　「『環境ガバナンスの社会学』の可能性──環境制御システム論と生活環境主義の狭間から考える」『環境社会学研究』15: 5-24。

Wilson, G. A.
2001　"From productivism to post-productivism... and back again? exploring the (un)changed natural and mental landscapes of European agriculture", *Transactions of the Institute of British Geographers*, 26: 277-102.

Woods, M.
2003　"Deconstructing rural protest: the emergence of new social movement", *Journal of Rural Studies*, 19: 309-325.
2011　*Rural*, Abington: Routledge.

Wright, B. A. and D. R. Fesenmainer
1990　"A factor analytic study of attitudinal structure and its impact on rural landowners' access policies", *Environmental Management*, 14(2): 269-277.

山本信次編
 2003 『森林ボランティア論』日本林業調査会。

家中茂
 2007 「社会関係のなかの資源――慶良間海域サンゴ礁をめぐって」松井健編『資源人類学第6巻 自然の資源化』弘文堂、83-119。
 2012 「里海の多面的関与と多機能性――沖縄県恩納村漁業の実践から」松井健・野林厚志・名和克朗編『生業と生産の社会的布置――グローバリゼーションの民族誌のために』岩田書院、89-121。

Young, O.
 1994 *International Governance: Protecting the Environment in a Stateless Society*, NY: Cornell University Press.

Zachrisson, A.
 2010 "Deliberative democracy and co-management of natural resources: snowmobile regulation in western Sweden", *International Journal of the Commons*, 4(1):273-292.

索　引

[アルファベット]

An Óige　　　　　　　　　　70, 86, 97
Comhairle na Tuaithe（CNT）　48, 49, 54, 96, 97, 100, 121, 143, 144, 147, 162, 163, 168, 169, 184
EU →欧州連合
Irish Creamery Milk Suppliers Association（ICMSA）　　　　76, 77, 162, 168
Irish Farmers Association（IFA）　74-77, 79, 81, 87, 98, 101, 144, 147, 162, 164, 166-168, 180, 181
Irish Uplands Forum（IUF）　　143, 144
Keep Ireland Open（KIO）　87, 88, 97-102, 106, 109, 110, 112, 116, 119, 120, 143, 169
Mountaineering Ireland（MI）　　43, 55, 69-71, 77, 79, 86-88, 90, 97, 99-102, 106, 109-112, 115-117, 119, 120, 143, 163, 168, 169
National Association of Regional Game Councils（NARGC）　　　　74-77
Wicklow Uplands Council（WUC）　100, 143-145

[あ]

アイルランド　ii, 29-31, 67, 96, 125, 162
　　アイルランド農村　　　　　　35
　　アイルランド農村の二極化　　40-42
アクセスルート　52, 57, 58, 104, 106, 107, 109, 112, 116, 121, 130, 141, 150
アメリカ合衆国　　　　　　　12, 46, 128
歩き回る権利（right to roam）　　51, 98
　　→公衆の歩く権利
イギリス　　　　　　　　　i, 8, 9, 71, 72
入浜権　　　　　　　　　　　　　　26
イングランド　10, 27, 46, 47, 50, 95, 98, 157
ウォーカー　iii, 29, 43, 57, 93, 136, 195, 198, 199, 205
ウォーキング活動　i, 4, 10, 29, 43, 57, 96, 97, 102
エンパワーメント　　　　　　　　26-28
応関原則　　　　　　　　　　　　　28
欧州連合（EU）　　37, 41, 56, 81, 84, 166
オーストラリア　　　　　　　　　　13
オープンアクセス　　　　　　　　　14

[か]

ガイドブック　　　　57, 58, 60, 70, 71, 111
外部アクター　　　　　　　　　　148
家族財産　　　　　　　　　　181, 182
環境ガバナンス　　　　　　　15, 18, 19
　　環境ガバナンス論　　　　18, 19, 203
　　重層的環境ガバナンス　　　　　20
　　順応的ガバナンス（adaptive governance）　18, 21, 206
環境正義　　　　　　　　　　　　　25
環境認識　125, 127, 128, 136, 138, 142, 143, 150, 152-154
　　→地名，ナビゲーション，場所
環境保全型農業　　　　　　56, 88, 166
環境保全地域　　　　　　　　　　　41
ガンクラブ　　　　　　　　　　74-76
環状歩行道（Looped Walks）　　　　51
　　→トレイル
管理者責任　　　　　　　73, 145, 162, 163
　　→農村アクセス問題
管理者責任問題　　　　　　　73, 87, 90
協治　　　　　　　　　　　20, 28, 157
共通農業政策（Common Agricultural Policy）　41, 56
共有地　55, 80, 81, 106, 130, 133, 135, 138, 149, 170-172, 176, 177, 181
　　共有地分割問題　　　　　　　80, 90
共的管理（co-management）　　　　20
近代農業　　　　　　　　　　　　　40

235

クロススケール・リンケージ　20
ゲート　104, 105, 163, 164, 166 →フェンス
結果としての環境保全　120, 198
　→非定形な複数的資源管理
結果評価　203, 204, 206
ケルティック・タイガー（Celtic Tiger）
　42, 43
権力プロセス　25, 26, 28
公衆アクセス権　11, 15, 26, 30, 47, 98-100, 157, 168, 169, 176
公衆の歩く権利（public rights of way）
　49-51, 98 →歩き回る権利
構造再編　65, 67-69, 89
高地　52, 58, 71, 98, 99, 104, 106, 107, 112, 116, 130, 133, 135, 136, 138, 141, 181
心のなかの「公」　160, 182, 183
コミュニティ　199, 208
コモンズ　15
　コモンズの悲劇　16
　コモンズ論　16-19, 30, 31, 160, 203
　重層的コモンズ　201
コモンプール資源（common-pool resources）
　23
コモンロー　8, 49, 73
コントロール　22, 145

[さ]

財産への損害　145, 163-166
　→農村アクセス問題
山岳アクセススキーム（Mountain Access Scheme）　52, 60, 163, 164, 166, 167
山岳レスキュー　145, 148, 154
資源利用交渉のためのプラットフォーム
　20
システム　ii, 22-24, 26, 28, 51, 54, 90, 111, 120, 145, 147, 158, 167, 169, 171, 184, 185, 195, 198
　システムアプローチ　19, 22, 24, 28, 202
　→正義アプローチ, 対話アプローチ
自然資源管理　iv, v, 3, 200, 203-206, 209
私的所有　4, 27, 172, 198
　私的所有権　7, 8, 14, 15, 26, 30, 31, 119, 168, 177, 199, 201, 202

私的所有制　4, 24, 31
私的所有地　10, 43, 49
社会関係資本　21
私有地　55, 135, 141, 149, 170, 172, 176, 178, 180, 181
商業行為　145, 166, 167
　→農村アクセス問題
承認　iv, 15, 28, 184, 195, 198, 205, 208
消費　10, 14, 65
食料・農業・農村基本計画　3
信頼　145, 157, 158, 167
スウェーデン　12, 13
スコットランド　12, 98, 127, 157
生活環境保全　206
正義　iv, 25, 26, 28, 98, 120, 195, 198
　正義アプローチ　19, 24-28, 202, 208
　→システムアプローチ, 対話アプローチ
制度　22, 23, 51
全国カントリーサイドレクリエーション戦略（National Countryside Recreation Strategy）　48, 54, 147
全国標識道（National Waymarked Ways）
　51, 72 →トレイル
占有者責任法（Occupiers Liability Act 1995）
　79, 80, 146, 162, 164

[た]

対面的相互行為　19, 158
対話　ii, 19, 26, 28, 100, 110, 112, 120, 152, 195
　対話アプローチ　19-21, 28, 157, 202
　→システムアプローチ, 対話アプローチ
　対話関係　90, 107, 109, 111, 112, 154, 198
　対話の場　20-22, 28, 90, 99, 120, 129, 143, 144, 147, 157, 158, 167, 169, 171, 184, 185
多地点　14, 95, 120, 145
楽しみ　114, 118, 120
地域主義　16
地域生活　26, 184
　地域生活の論理　93, 95, 120
地名　133, 134, 137, 151

236

→環境認識，ナビゲーション
低地　　　　　　　　　71, 130, 141
デンマーク　　　　　　　　　　11
ドイツ　　　　　　　　　　　　9
登山ガイドブック→ガイドブック
閉じられたアクセス　　109, 110, 116
土地所有者　　　　4, 6, 15, 28, 29, 161
土地戦争　　　　　　　　　　39, 45
「土地に名を残す（Keeping the name on the land）」　　　　　　　　　　174
トレイル　　　51-54, 60, 163, 164, 167

[な]
ナビゲーション　　129, 133, 136, 141, 151, 152 →環境認識，地名
二極化→アイルランド農村
日常的実践　　　119, 120, 185, 195, 196, 198-202, 207, 208
　　日常的実践論　　　　　　208, 209
日常的な感覚　　　　　　　　161, 182
ニュージーランド　　　　　　13, 26, 27
ネットワーク　　　　19-21, 28, 85, 86, 90
農村アクセス　　6, 20, 23, 25, 26, 31, 54, 58, 60, 93, 96, 120, 158, 161, 195, 198, 201, 203
　　農村アクセス問題　　6, 14, 24, 26-31, 45, 55, 60, 65, 70, 97, 118, 120, 125, 144, 145, 152, 157, 182, 184, 205
　　　→管理者責任，財産への損害，商業行為
　　農村アクセス問題の歴史　　　　7
農村レクリエーション担当官（Rural Recreation Officer）　　　　　　54, 170
農地　　　　ii, 46, 55, 129, 177, 181, 182
農地行為コード（Farmland Code of Conduct）　　　　　　　　　164, 168
農民　　iii, 29, 43, 55, 65, 88, 129, 161, 169, 195, 198, 199, 205
農民との良好な関係　　112, 114-116, 118, 119
ノルウェー　　　　　　　　　12, 13

[は]
パートナーシップ　　99, 100, 115, 143, 144, 169
場所（place）　125, 127, 128, 142, 143, 147, 153, 154
→環境認識，地名，ナビゲーション
万人権　　　　　　　　　　12-14, 47
非常事態　　　　　　　　　　149, 150
非定形な複数的資源管理　　198-200, 202, 203, 205, 206, 208, 209
→複数的資源管理論
費用便益　　　　　　　　　　　　23
フェンス　　85-87, 133, 135, 141, 163, 164
→ゲート
フォーラム　　　　iii, 143-147, 169, 185
複数的資源管理論　19, 28, 157, 200, 202
→非定形な複数的資源管理
フットパス　　　　　　　　i, ii, 4, 6
不特定多数　　ii, iv, 15, 90, 118, 120, 145, 158, 169, 182, 184, 196, 198, 199
プラニングおよび開発法（Planning and Development Act）　　　　　　50
フランス　　　　　　　　　　　　9
フレーム　　　　　73, 76, 80, 85, 89, 90
便宜　　　　　　　90, 153, 158, 160, 184
包摂　　　　　　　　182, 196, 198-200
歩行道スキーム（Walks Scheme）　52, 54, 60, 166-168, 170
ポリティカル・エコロジー　　　　25

[や]
山歩き（hillwalking）　ii, 29, 43, 57, 58, 70, 102
よそ者論　　　　　　　　　　20, 207

[ら]
レクリエーション　i, 3, 8, 43, 47, 57, 120
　　レクリエーション利用者　6, 15, 28, 29, 93
レジティマシー　　　　　　　　　25
レジリエンス　　　　　　　　　　18
ロングトレイル　　　　　　　　　 i

237

著者紹介

北島　義和（きたじま・よしかず）
釧路公立大学経済学部講師
1980年生まれ。京都大学大学院文学研究科博士後期課程修了。博士（文学）。2016年より現職。主な著作は、「いかに農地は公衆に開かれうるか――アイルランドにおける農村アクセス問題をめぐって」（『ソシオロジ』57(3)，2013年）、「私的所有地のレクリエーション利用をめぐる作法――アイルランドにおける農村アクセス問題への対処から」『社会学評論』66(3)，2015年）など。

農村レクリエーションとアクセス問題
――不特定の他者と向き合う社会学　　©Kitajima Yoshikazu 2018

平成30（2018）年2月28日　初版第1刷発行

著　者　　北島義和
発行人　　末原達郎

発行所　　京都大学学術出版会
京都市左京区吉田近衛町69番地
京都大学吉田南構内（〒606-8315）
電話（075）761-6182
FAX（075）761-6190
URL http://www.kyoto-up.or.jp
振替 01000-8-64677

ISBN978-4-8140-0142-2
Printed in Japan

装　幀　　鷺草デザイン事務所
印刷・製本　亜細亜印刷株式会社
定価はカバーに表示してあります

本書のコピー、スキャン、デジタル化等の無断複製は著作権法上での例外を除き禁じられています。本書を代行業者等の第三者に依頼してスキャンやデジタル化することは、たとえ個人や家庭内での利用でも著作権法違反です。